植 | 物 | 造 | 景 | 丛 | 书

芳香植物景观

周厚高　主编

江苏凤凰科学技术出版社

图书在版编目（CIP）数据

芳香植物景观 / 周厚高主编 . -- 南京 ：江苏凤凰科学技术出版社，2019.5
（植物造景丛书）
ISBN 978-7-5713-0111-8

Ⅰ . ①芳… Ⅱ . ①周… Ⅲ . ①香料植物－景观设计 Ⅳ . ① TU986.2

中国版本图书馆 CIP 数据核字 (2019) 第 024904 号

植物造景丛书——芳香植物景观

主　　编	周厚高
项目策划	凤凰空间 / 段建姣
责任编辑	刘屹立　赵　研
特约编辑	段建姣
出版发行	江苏凤凰科学技术出版社
出版社地址	南京市湖南路1号A楼，邮编：210009
出版社网址	http：//www.pspress.cn
总 经 销	天津凤凰空间文化传媒有限公司
总经销网址	http：//www.ifengspace.cn
印　　刷	北京博海升彩色印刷有限公司
开　　本	710 mm×1000 mm　1 / 16
印　　张	12
字　　数	230000
版　　次	2019年5月第1版
印　　次	2019年5月第1次印刷
标准书号	ISBN 978-7-5713-0111-8
定　　价	88.00元

前言 Preface

中国植物资源丰富，园林植物种类繁多，早有“世界园林之母”的美称。中国园林植物文化历史悠久，历朝历代均有经典著作，如西晋嵇含的《南方草木状》、唐朝王庆芳的《庭院草木疏》、宋朝陈景沂的《全芳备祖》、明朝王象晋的《群芳谱》、清朝汪灏的《广群芳谱》、民国黄氏的《花经》、近年陈俊愉等的《中国花经》等，这些著作系统而全面地记载了我国不同时期的园林植物概况。

改革开放后，我国园林植物种类不断增多，物种多样性越发丰富，有关园林植物的著作也很多，但大多数著作偏重于植物介绍，忽视了对植物造景功能的阐述。随着我国园林事业的快速发展，植物造景的技术和艺术得到了较大进步，学术界、产业界和教育界的学者及工程技术人员、园林设计师和相关专业师生对植物造景的知识需求十分迫切。因此，我们主编了这套“植物造景丛书”，旨在综合阐述园林植物种类知识和植物造景艺术，着重介绍中国现代主要园林植物景观特色及造景应用。

本丛书按照园林植物的特性和造景功能分为八个分册，内容包括水体植物景观、绿篱植物景观、花境植物景观、阴地植物景观、地被植物景观、行道植物景观、芳香植物景观、藤蔓植物景观。

本丛书图文并茂，采用大量精美的图片来展示植物的景观特征、造景功能和园林应用。植物造景的图片是近年在全国主要大中城市拍摄的实景照片，书中同时介绍了所收录植物品种的学名、形态特征、生物习性、繁殖要点、栽培养护要点，代表了我国植物造景艺术和技术的水平，具有十分重要的参考价值。

本丛书的编写得到了许多城市园林部门的大力支持，张施君参与了前期编写，王斌、王旺青提供了部分图片，在此表示最诚挚的谢意！

编者

2018 年于广州

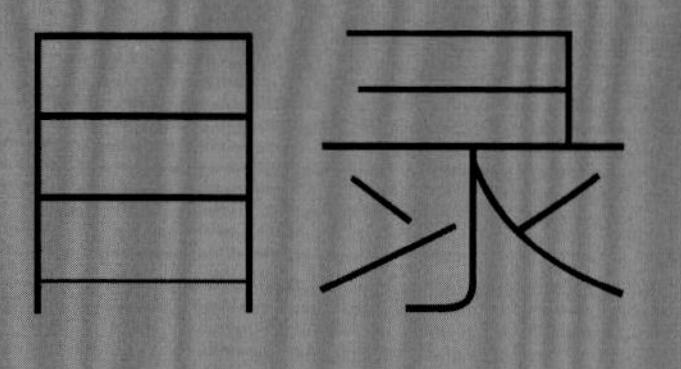

目录

Contents

第一章

芳香植物概述

造景功能

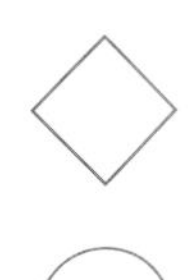

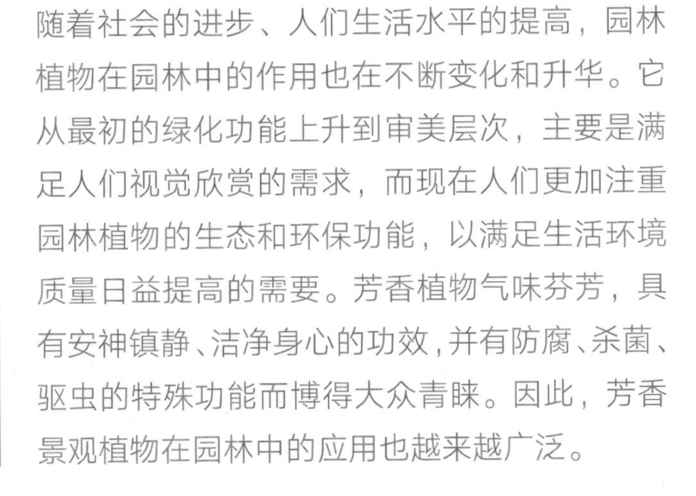

随着社会的进步、人们生活水平的提高，园林植物在园林中的作用也在不断变化和升华。它从最初的绿化功能上升到审美层次，主要是满足人们视觉欣赏的需求，而现在人们更加注重园林植物的生态和环保功能，以满足生活环境质量日益提高的需要。芳香植物气味芬芳，具有安神镇静、洁净身心的功效，并有防腐、杀菌、驱虫的特殊功能而博得大众青睐。因此，芳香景观植物在园林中的应用也越来越广泛。

芳香植物在人类的生活中扮演的角色越来越重要了，从日常生活中使用的香料到改善家庭小环境的香花、香草，发展到当今园林植物景观中的香化。在现代植物景观中，随着人类对健康和环保要求的日益提高，追求香化、营造芳香植物景观已是一种潮流。

芳香景观植物的研究目前还不够深入和系统，特别对其观赏特色、景观特色和营造技术的研究有待进一步提高。本篇旨在介绍芳香景观植物的基本特性、景观特色和应用实例。

芳香景观植物的定义与范围

具有芳香性能的植物范围广泛，功能多样，名称不少，定义尚不完善。

香草，主要是一类用于日常生活的植物，以草本植物为主，兼有少数小型灌木，常作食用、保健和药用，其观赏和造景功能不是主要的性状。作为食用的，如朝鲜蓟（*Cynara slolymus*）、欧片（*Petroselinum crispum*）等，其造景功能别具一格；作为调料应用的，如薄荷（*Mentha haplocalyx* var. *piperascens*）、紫苏（*Perilla frutescens* cv. Atropurpurea）；作为保健的种类较多，如羽叶薰衣草（*Lavandula pinnata*）、芸香（*Ruta graveolens*）、菊花（杭白菊）（*Chrysanthemum morifolium*）等；药用的种类占大多数，如郁金（*Curcuma aromatica*）、黄姜花（*Hedychium flavum*）、菖蒲（*Acorus calamus*）等。

芳香植物，是指植物体全部或一到多个器官具有芳香性能的植物，范围广泛，无论草本植物还是木本植物，无论观赏价值高或低，无论栽培植物还是野生植物均涵盖其中。

芳香花卉，按照广义花卉的概念延伸，是指具有芳香性能和观赏价值，并经过人工技艺栽培、养护、管理的植物。限于具有芳香功能的栽培植物。

芳香景观植物，是指用于景观营造的芳香花卉。本书主要介绍这一类植物。

芳香景观植物的主要类群

芳香景观植物的类群目前没有统一的人为分类系统，可以根据芳香景观植物的生物学习性、芳香的部位、生态习性、园林景观特色和功能进行分类。

根据生物学习性分类

可以将芳香景观植物分为草本芳香景观植物和木本芳香景观植物两大类，在此基础上又可以将其分为灌木类芳香景观植物、乔木类芳香景观植物、藤本类芳香景观植物和草本类芳香景观植物四大类。本篇按照此四类分类方案进行介绍。

灌木类芳香景观植物主要有黄刺玫（*Rosa xanthina*）、现代月季（*Rosahybrida*）、四季米兰（*Aglaia duperreana*）、含笑（*Michelia figo*）、九里香（*Murraya paniculata*）、迷迭香（*Rosemarinus officinalis*）、山指甲（*Ligustrum sinense*）、紫丁香（*Syringa oblata*）等。

乔木类芳香景观植物主要有白兰（*Michelia alba*）、梅花（*Prunus mume*）、刺槐（*Robinia pseudoacacia*）、柠檬桉（*Eucalyptus citrus*）、樟树（*Cinnamomum camphora*）、桂花（*Osmanthus fragrans*）、欧洲丁香（*Syringa vulgaris*）等。

藤本类芳香景观植物主要有鹰爪花（*Artabotrys hexapetalus*）、迎春（*Jasminum nudiflorum*）、小黄馨（*Jasminum humile* cv. Revolutum）等。

草本类芳香景观植物主要有薄荷（*Mentha haplocalyx* var. *piperascens*）、芸香（*Ruta graveolens*）、香叶天竺葵（*Pelargonium graveolens*）、香茅（*Cymbopogon citratus*）、羽叶薰衣草（*Lavandula pinnata*）、藿香（*Agastache rugosa*）、荷花（*Nelumbo nucifera*）等。

根据芳香的部位分类

不同的植物其芳香的部位是不一样的，可以分为叶香型、根香型、花香型和果香型。

叶香型芳香植物主要有千层金（*Callistemon hybridus* cv. Gold Ball）、樟树（*Cinnamomum camphora*）、红千层（*Callistemon rigidus*）、阴香（*Cinnamomum burmannii*）、白千层（*Melaleuca leucadendra*）、菖蒲（*Acorus calamus*）等。

根香型芳香植物主要有香根草（*Vetiveria zizanioides*）

花香型芳香植物主要有海桐（*Pittosporum tobira*）、腊梅（*Chimonanthus praecox*）、鸳鸯茉莉（*Brunfelsia acuminate*）、栀子（*Gardenia jasminoides*）、白兰（*Michelia alba*）、桂花（*Osmanthus fragrans*）、刺槐（*Robinia Pseudoacacia*）、荷花玉兰（*Magnolia grandiflora*）、流苏树（*Chionanthus retusus*）、女贞（*Ligustrum lucidum*）、依兰香（*Cananga adorata*）、鹰爪花（*Artabotrys hexapetalus*）等。

果香型芳香植物主要有柑橘类植物，它们的果具有浓郁的香气。

根据生态习性分类

可以分为阳生芳香景观植物、阴生芳香景观植物和中生芳香景观植物。

阳生芳香景观植物主要有千层金（*Callistemon hybridus* cv. Gold Ball）、黄刺玫（*Rosa xanthina*）、山玉兰（*Magnolia delavayi*）、牡荆（*Vitex negundo*）、结香（*Edgeworthia chrysantha*）、油橄榄（*Olea europaea*）、二乔玉兰（*Magnolia soulangeana*）、鹅掌楸（*Liriodendron chinensis*）、荷木（*Schima wallichii*）、香茅（*Cymbopogon citrates*）等。

阴生芳香景观植物主要有香文殊兰（*Crinum moorei*）、郁金（*Curcuma aromatica*）、香露兜树（*Pandanus odorus*）、铃兰（*Convallaria majalis*）等。

中生芳香景观植物主要有九里香（*Murraya paniculata*）、糖胶木（*Alstonia scholaris*）、鸳鸯茉莉（*Brunfeisia acuminate*）、香冠柏（*Cupressus macroglossus* cv. Goldcrest）、香叶天竺葵（*Pelargonium graveolens*）、朝鲜蓟（*Cynara slolymus*）等。

根据园林景观特色和功能分类

可以分为行道芳香景观植物、花坛花境芳香景观植物、地被芳香景观植物、庭院芳香景观植物、水体芳香景观植物、绿篱芳香景观植物。

行道芳香景观植物主要有山玉兰（*Magnolia delavayi*）、荷花玉兰（*Magnolia grandiflora*）、樟树（*Cinnamomum camphora*）、白兰（*Michelia alba*）、玉兰（*Magnolia denudata*）、白千层（*Melaleuca leucadendra*）、刺槐（*Robinia pseudoacacia*）、柠檬桉（*Eucalyptus citrus*）、阴香（*Cinnamomum burmannii*）等。

花坛花境芳香景观植物主要有芍药（*Paeonia lactiflora*）、欧芹（*Petroselinum crispum*）、鼠尾草类（*Salvia* spp.）、东方百合（*Lilium* spp.）、菊花（*Chrysanthemum morifolium*）等。

地被芳香景观植物主要有欧芹（*Petroselinum crispum*）、鼠尾草类（*Salvia* spp.）、菊花（*Chrysanthemum morifolium*）等。

庭院芳香景观植物主要有黄刺玫（*Rosa xanthina*）、芍药（*Paeonia lactiflora*）、现代月季（*Rosahybrida*）、清香木（*Pistacia weinmannifera*）、牡荆（*Vitex negundo*）、腊梅（*Chimonanthus praecox*）、梅花（*Prunus mume*）、什锦丁香（*Syringachinensis*）、小黄馨（*Jasminum humile* cv. Revolutum）、桂花（*Osmanthus fragrans*）、羽叶薰衣草（*Lavandula pinnata*）、香茅（*Cymbopogon citrates*）、乐昌含笑（*Michelia fulgens*）、柚子（*Citrus grandis*）等。

水体芳香景观植物主要有红千层（*Callistemon rigidus*）、荷花（*Nelumbo nucifera*）、菖蒲（*Acorus calamus*）、香露兜树（*Pandanus odorus*）等。

绿篱芳香景观植物主要有九里香（*Murraya paniculata*）、含笑（*Michelia figo*）、千层金（*Callistemon hybridus* cv. Gold Ball）、四季米兰（*Aglaia duperreana*）、龙柏（*Sabina chinensis* cv. Kaizuca）、海桐（*Pittosporum tobira*）、栀子（*Gardenia jasminoides*）、山指甲（*Ligustrum sinense*）等。

芳香景观植物在园林中的作用

随着社会的进步，物质文明、精神文明高度发展及人民生活水平的提高，园林植物在园林中的作用不断更新并产生变化。它从最初的绿化功能上升到美化功能，主要满足人们视觉欣赏的需求。现在人们更加重视其生态和环保的功能，以满足生活环境质量日益提高的需求。芳香景观植物能散发芬芳气息，分泌芳香挥发性物质，改善环境质量，使人身心舒畅。其气味芬芳，具有安神镇静、洁净身心的功效，也可以净化周边环境，并有防腐、杀菌、驱虫的特殊效能而博得大众青睐。此外，许多香草还是中药，可以入药。不少植物具有吸收甲醛、氨等有害气体的作用，适于室内布置。

芳香景观植物的这些特殊功能，越来越受到人们欢迎，在园林中的应用必将越来越广泛。

芳香景观植物的造景特色主要体现在“香”上，可根据环境和造景的需要选用不同特色、不同芳香类型、不同芳香程度的种类。

小型芳香植物可以用于室外的地被、花坛、花境和庭院造景，也可用于室内布置。室内布置常采用改善环境的种类和食用保健的种类，如驱蚊草（*Pelargonium graveolens*）、薄荷（*Mentha haplocalyx* var. *piperascens*）、紫苏（*Perilla frutescens* cv. Atropurpurea）和熏衣草（*Lavandula angustifolia*）等，香气不宜过于浓烈。在布置方式上，以盆栽为主，并依据其阴生性能和香气浓郁程度决定摆放位置。耐阴性强的植株可以摆放在室内光线较弱的位置，如羽叶熏衣草（*Lavandula pinnata*）等。耐阴性差的，如迷迭香（*Rosemarinus officinalis*）等，可以摆放在室内光线明亮处，如窗边和阳台。

小型芳香植物作地被应用不断增多，依据耐阴程度不同，布置在不同位置。阳生芳香植物可做地被，用于开阔地、直射阳光充足的环境，如墨西哥鼠尾草（*Salvia leucantha* cav.）等。阴生芳香植物可用于林下、林缘或建筑物背阴环境，如莳萝（*Anethum graveolens*）等。芳香植物应用于花坛、花境时，需要选择花色鲜艳、开花整齐或叶色鲜艳的草本种类，如蓝花鼠尾草（*Salvia farinacea*）。

小型芳香植物在庭院中的布置比较灵活，个体小型的成片布置效果较好，如百里香（*Thymus mongolicus* Ronn.）、迷迭香（*Rosemarinus officinalis*）；个体较大的种类可丛植，如薄荷（*Mentha haplocalyx* var. *piperascens*）、荆芥（*Nepeta cataria* L.）。

灌木芳香景观植物常作庭院、道路布置，小型的也能作室内、阳台布置，如迷迭香（*Rosemarinus officinalis*）等。在家庭小庭院或居住区的公共场所，配置灌木类芳香植物要特别注意香气的浓烈程度，部分种类的香气过于浓烈会影响居民的生活，要考虑与居住区保持一定的距离，如夜来香（*Cestrum nocturmum*）就有近距离香极而臭的现象。

乔木芳香景观植物在造景中常用于行道树、庭阴树，许多种类具有散发芳香气息的功能，如桉树（*Eucalyptus* spp.）等，特别是柠檬桉（*Eucalyptus citrus*），具有较强散发芳香气息的能力，能形成大面积芳香区。桉树作为公路行道树，使公路成为芳香之路，驾驶员精神振奋，安全系数也会有所提高。桉树在小区周边大面积种植，不仅绿化、美化了环境，同时也具有香化和驱蚊功能，可进一步提高环境质量。

藤蔓芳香景观植物是立体绿化和香化兼备的植物，在植物造景中，利用较广。其中紫藤（*Wisteria sinensis*）、多花素馨（*Jasminum polyanthum*）、云南黄素馨（*Jasminum nudiflorum*）应用尤其常见，许多种类将在本书的《藤蔓植物景观》一篇中收录，本篇收录较少。

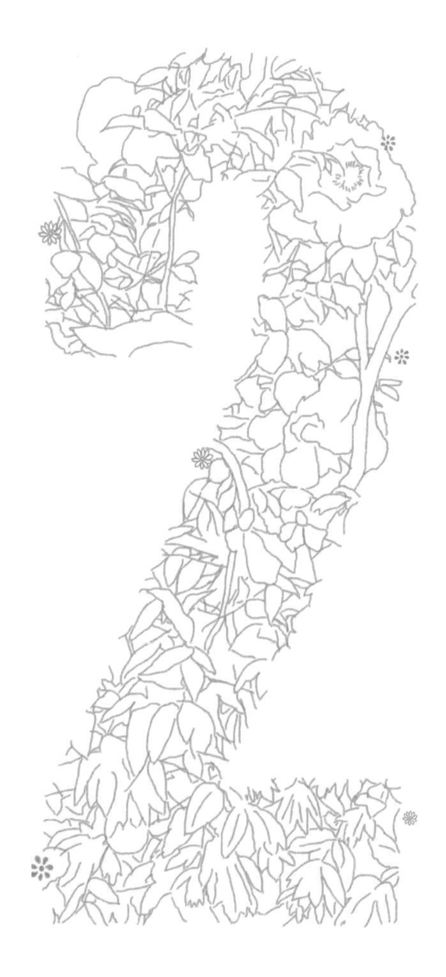

第二章

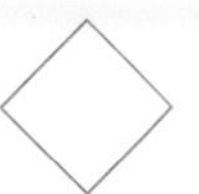

灌木类芳香植物造景

造景功能

灌木类芳香植物常作庭院、道路布置，小型种类也能作室内、阳台布置。在居民家庭小庭院或居住区的公共场所，配置灌木类芳香植物要特别注意香气的浓烈程度与居民居住场所的距离，部分种类香气过于浓烈会影响居民生活，要考虑与居住区保持一定的距离。

黄刺玫

别名：黄刺莓、黄玫瑰、刺玫花、硬皮刺玫
科属名：蔷薇科蔷薇属
学名：*Rosa xanthina*

形态特征

直立灌木，高 2~3m。枝粗壮，密集，披散；小枝无毛，有散生皮刺，无针刺。羽状复叶，小叶 7~13 片，宽卵形或近圆形，稀椭圆形，先端圆钝，基部宽楔形或近圆形，边缘有圆钝锯齿，上面无毛，幼嫩时下面有稀疏柔毛，逐渐脱落；叶轴、叶柄有稀疏柔毛和小皮刺。花单生于叶腋，重瓣或半重瓣，黄色，无苞片；花瓣黄色，宽倒卵形，先端微凹，基部宽楔形。果近球形或倒卵形，紫褐色或黑褐色。花期 4~6 月，果期 7~8 月。品种有单瓣黄刺玫（f. *normalis*）、重瓣黄刺玫（cv. Plena）。

园林中黄刺玫单株丛生的景观

黄刺玫营养时期景观

适应地区

东北、华北各地庭院常见栽培。

生物特性

喜阳光充足，稍耐阴，耐寒力强，生长适温为 12~28℃。耐干旱和瘠薄，也能在碱土中生长，忌水涝，对土壤要求不严。

繁殖栽培

以分株繁殖为主。于春季萌发前进行，将全株掘起劈为数株，即可定植。苗木移栽时应带土球，并行重剪，栽后加强肥水管理。花后应剪除残花和老枝。

景观特征

春末夏初时期的重要花卉，分枝甚多，开花时一片金黄，光彩夺目。

园林应用

可成片丛植为花篱，或于疏林下、林缘、庭前、路旁以及山石旁散植。

*** 园林造景功能相近的植物 ***

中文名	学名	形态特征	园林应用	适应地区
美蔷薇	*Rosa bella*	灌木。枝条红色。小叶 7~9 片，椭圆形。花粉红色，花梗、花托密被腺毛。果椭圆形	同黄刺玫	同黄刺玫
黄蔷薇	*R. hugonis*	灌木。枝条红色。小叶 9~11 片，长圆形。花黄色。果球形，暗红色	同黄刺玫	同黄刺玫

黄刺玫花特写 ▷

黄刺玫果枝特写

黄刺玫景观

园林中黄刺玫单株丛生的景观

现代月季

别名：四季蔷薇、月季花、杂交蔷薇
科属名：蔷薇科蔷薇属
学名：*Rosa hybrida*

形态特征

常绿或落叶灌木，高 1~2.5m。小枝具钩状皮刺，无毛。羽状复叶，宽卵形或长卵形，先端渐尖，边缘具粗锯齿。花单生或数朵簇生，呈伞状，微香或无香；花瓣倒卵形，先端常外卷，具白、粉、红、黄、紫等多种颜色。果卵圆形或梨形，橘红色。花期全年，果期 8~12 月。现代月季根据株型、花的大小、香味等分为丰花月季、壮花月季、微型月季、藤本月季、香水月季、灌木月季等，花色有白、绿、蓝、红、淡红、粉红、黄、淡黄等。

适应地区

全球广泛栽培，应用于我国南北各地。

生物特性

喜向阳、背风、空气流通的环境，每天需要接受5~8小时以上的直射阳光才能生长良好。最适温度白天为18~25℃，夜间为15.5~16.5℃。最适宜生长的相对湿度为 75%~80%，如果相对湿度过大，则容易生黑斑病和白霉病。土壤要求排水良好、通气，具有团粒结构、pH 值为 6~7 的壤土。

现代月季不同花色的品种

现代月季不同花色的品种

繁殖栽培

以嫁接、扦插繁殖为主。嫁接是现代月季繁殖的常用手段，我国常用的砧木有野蔷薇、粉团蔷薇等。扦插法多用于现代月季的一般品种。硬枝扦插多于休眠季节进行，生长季节中，则多采用嫩枝扦插。露地栽培应选背风、向阳、排水良好的场所，重施基肥，生长季加施混合化肥作追肥。现代月季修剪以休眠期修剪为主，另外，生长期修剪如摘芽、剪除残花枝等也可适当进行。

景观特征

现代月季品种纷繁，花色丰富，花姿秀美，除了红、橙、黄、绿、青、蓝、紫、白色、肉色、咖啡色、紫黑色等单色品种外，还有各种变色、纹色、复色和串色等品种。

园林应用

可种于花坛、花境、草坪角隅等处，也可布置成月季园，或者装饰花架、花墙、花篱、花门等。月季既可盆栽观赏，又是重要的切花材料。

玫瑰花特写 ▷

现代月季品种

现代月季景观

现代月季品种

现代月季景观

*** 园林造景功能相近的植物 ***

中文名	学名	形态特征	园林应用	适应地区
月季	*Rosa chinensis*	羽状小叶 3~5 片。花常数朵簇生，微香，单瓣，粉红或近白色	同现代月季	各地普遍栽培
玫瑰	*R. rugosa*	枝上多刺及具刚毛。羽状小叶 5~9 片，表面皱褶，背面有刺毛。聚伞花序，花紫红色、白色，径 6~8cm	同现代月季	原产于我国北部

现代月季景观

现代月季景观

现代月季景观

胡椒木

别名：黑胡椒
科属名：芸香科花椒属
学名：*Zanthoxylum piperitum*

胡椒木枝叶特写

形态特征

常绿灌木。奇数羽状复叶，叶基有短刺 2 枚，叶轴有狭翼；小叶对生，倒卵形，长 0.7~1cm，革质，叶面浓绿富光泽，全叶密生腺体。雌雄共株，雄花黄色；雌花红橙，子房 3~4 个。果实椭圆形，绿褐色。目前广泛栽培的品种为 cv. Dorum。

胡椒木株形

适应地区

原产于日本、韩国。

生物特性

喜温暖至高温气候，生育适温为 20~30℃。日照需良好，喜全光照，冬季忌长期阴湿。适宜肥沃的砂质壤土。

繁殖栽培

用扦插、高压法繁殖，春季为适期。春至秋季施肥 3~4 次，春季修剪整枝。

景观特征

全株具有浓烈的胡椒香味，枝叶青翠，光泽明亮。

园林应用

适合修剪成型，用于庭植美化、绿篱或盆栽。

胡椒木景观

胡椒木景观

牡丹

别名：木芍药、洛阳花、百两金、富贵花
科属名：芍药科芍药属
学名：*Paeonia suffruticosa*

形态特征

落叶灌木，茎高达 2m。分枝短而粗。叶通常为 2 回复叶，偶尔近枝顶的叶为 3 片小叶；顶生小叶宽卵形，3 裂至中部；叶柄和叶轴均无毛。花单生于枝顶，花梗长 4~6cm；苞片 5 片，长椭圆形，大小不等；萼片 5 枚，绿色，宽卵形，大小不等；花瓣 5 枚，或为重瓣，玫瑰色、红紫色、粉红色至白色，通常变异很大，倒卵形，顶端呈不规则的波状；雄蕊长 1~1.7cm，花丝紫红色、粉红色，上部白色。蓇葖果长圆形，密生黄褐色硬毛。花期 5 月，果期 6 月。按花型可分为系、类、组、型 4 级。品种根据野生原种可分为牡丹系、紫斑牡丹系、黄牡丹系和紫牡丹系；根据花部基本构造可分为单花类和台阁花类；根据花部演进方式和顺序可分为千层组和楼子组；根据花部演进程度不同可分为各种花型，常见有莲花型、葵花型、金环型、托桂型、楼子型、绣球型等。

适应地区

全国各地均有栽培。

生物特性

喜温凉、干燥，喜阳光，不耐炎热高湿。较耐寒，可在不低于 -18℃的地区安全越冬，-20℃以下的地区需覆土防寒。花期稍阴可延长开花时间。要求地势高燥、土层深厚、疏松、肥沃而排水良好的壤土或砂壤土，忌黏重土壤和低湿处栽植。

繁殖栽培

可用分株、播种及嫁接法繁殖，以分株为主，于秋季进行，一般 5~6 年分株一次。将大丛牡丹整株挖出，阴干 2~3 天，待根稍软时分开栽植，每株以 3~5 个蘖芽为宜，根必须舒展，不能卷曲。秋季栽植，选择肥沃、疏松、排水良好的微酸性土壤，剪除断根、弱根，

牡丹花海

牡丹花、叶特写

根颈栽植深度与土面齐平。春、秋干旱季节需浇水，保持土壤湿润。生长期施肥 3~4 次，现蕾前增施 1~2 次磷钾肥。冬季根据牡丹长势进行定干、除芽和修剪，保持植株生长均衡。

景观特征

枝干挺拔，叶片舒展，花大色艳，雍容华贵，国色天香，景观效果良好。

园林应用

在园林绿地中自然式孤植、丛植或片植，效果甚佳。可在公园和风景区的重要部位建立牡丹专类园，荟萃众多品种，花开时节，姹紫嫣红，蔚为壮观。牡丹是花境的良好材料，可在古典园林或居民院落中筑花台种植，豪华而又充满生机。

牡丹的品种

牡丹的品种

牡丹景观

牡丹无花季节的景观

含笑

别名：含笑花、香蕉花
科属名：木兰科含笑属
学名：*Michelia figo*

形态特征

常绿灌木，高 2~3m。树皮灰褐色，分枝繁密。芽、嫩枝、叶柄、花梗均密被黄褐色茸毛。叶革质，狭椭圆形或倒卵状椭圆形；叶柄长 2~4mm，托叶痕长达叶柄顶端。花直立，淡黄色而边缘有时红色或紫色，具甜浓的芳香；花被片 6 片，肉质，较肥厚，长椭圆形。聚合果卵圆形或球形，顶端有短尖的喙。花期 3~5 月，果期 7~8 月。

含笑景观

适应地区

原产于我国华南南部各省区，生于阴坡杂木林中，溪谷沿岸尤为茂盛。现广植于全国各地。长江流域各地需在温室越冬。

生物特性

喜光，耐半阴，不耐暴晒。喜温暖、多湿的环境，盆栽者在 5℃以上室温条件下越冬。有一定耐寒力。喜微酸性土，根肉质，不耐涝，也不耐干旱、瘠薄。

繁殖栽培

以扦插繁殖为主，嫁接、播种、分株、压条也可。扦插于 6 月下旬新梢半木质化时进行。

含笑景观

含笑花枝特写

嫁接以紫玉兰为砧木，春季切接。9 月中下旬采种，秋播或沙藏至翌年春播。分株应带较多的根，蘸泥浆栽植。压条可于 5 月上旬进行高压，移植通常于 3 月中旬到 4 月上旬进行，须带土球。施肥宜淡。为保持树体通风、透光，每年 3 月可疏除过密小枝。花后抽生嫩枝，于 7~8 月在当年生枝，叶腋形成花芽。

景观特征

花朵新颖别致，盛开之际“开而不放”，枝叶团簇，四季葱茏，花时苞润如玉，馥郁可人。古人曾用大量诗篇形容这独具一格的花姿，如“未尝逢露齿，只恐欲倾城”。

园林应用

适合在公园、医院、学校等地丛植，也可配植于草坪边缘或疏林下，组成复层混交群落，还可于建筑物入口对植两丛，或窗前散植一二，花时芳香清雅。花有水果甜香，花瓣可制成花茶，也可提取芳香油或供药用。

含笑景观

含笑景观

*** 园林造景功能相近的植物 ***

中文名	学名	形态特征	园林应用	适应地区
紫花含笑	*Michelia crassipes*	灌木或小乔木，高 3~5m。叶狭椭圆形。花梗被长棕色毛，花被片 6 片，椭圆形，深紫色或紫红色，极香	同含笑	华南和中南地区
夜合	*Magnolia coco*	灌木或小乔木。叶先端长渐尖，叶面波皱起伏。花梗向下弯垂，花圆球形，花被片 9 片，外面 3 片带绿色，内两轮纯白色	同含笑	亚洲东南部
云南含笑	*Michelia yunnanensis*	常绿灌木，高达 4m。芽、嫩枝、嫩叶上面及叶柄、花梗密被深红色平伏毛，花白色，极芳香。花期 3~4 月	优良的庭园观赏花木，可片植，也可孤植	西南地区

云南含笑果枝特写

云南含笑景观

紫花含笑花枝特写

夜合景观

夜合花枝特写

木香薷

别名：紫荆芥、山荆芥、野荆芥、华北香薷
科属名：唇形花科香薷属
学名：*Elsholtzia stauntonii*

木香薷花序特写 ▷

形态特征

直立半灌木，高 0.7~1.7m。茎上部多分枝，小枝近圆柱形，上部钝四棱形，具槽及细条纹，带紫红色，被灰白色微柔毛。叶披针形至椭圆状披针形，先端渐尖，基部渐狭至叶柄；叶柄腹凹背凸，常带紫色，被微柔毛。穗状花序伸长，生于茎枝及侧生小花枝顶上，由具 5~10 朵花、近偏向于一侧的轮伞花序组成；花萼管状钟形，外面密被灰白色茸毛；雄蕊 4 枚；花柱与雄蕊等长或略超出，先端近相等 2 深裂，裂片线形。小坚果椭圆形，光滑。花、果期 7~10 月。

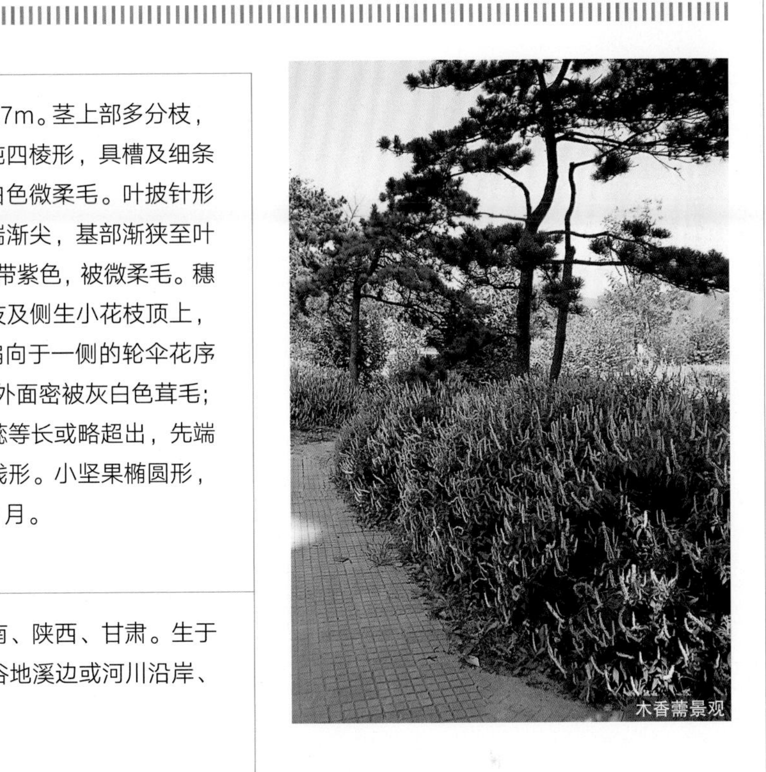

木香薷景观

适应地区

产于河北、山西、河南、陕西、甘肃。生于海拔 700~1600m 的谷地溪边或河川沿岸、草坡及石山上。

生物特性

喜向阳，耐寒，耐旱。喜贫瘠土壤。适应性强，生长健壮。

木香薷景观

繁殖栽培

播种、扦插均可繁殖。春季播种或夏季剪半木质化枝条扦插均可。栽培极为简易，每年早春应对越冬干枯枝梢作适当修剪，以保株形整洁。

景观特征

株形健壮，丛生状，叶色翠绿。花序蓝紫色，花量较大，盛花时形成醒目的蓝色花卉，十分美观，香气袭人。

园林应用

易于种植，气味芳香，北方庭院中常引种栽培做观赏灌木，单株单丛种植或成片成行布置，十分壮观。花可提取芳香油，为工业原料。

米仔兰

别名：米兰、树兰、鱼子兰
科属名：楝科米仔兰属
学名：*Aglaia odorata*

形态特征

常绿灌木或小乔木，高 5~7m。分枝多而密，幼嫩部分常被星状锈色鳞片。奇数羽状复叶互生，叶轴有窄翅；小叶 3~5 片，叶面亮绿，革质有光泽。花杂性异株，圆锥形花序着生于新梢的叶腋；花萼 5 裂，裂片圆形；花瓣 5 枚，矩圆形至近圆形；雄蕊 5 枚，花丝合生成筒；子房卵形，密披黄色毛；花小、黄色、芳香，盛花期在夏季。浆果近球形。种子有肉质假种皮。

适应地区

原产于亚洲南部，中国、越南、印度、泰国、马来西亚等均有分布。我国华南地区及四川、台湾、云南等地都有自然分布。

生物特性

喜温暖，忌严寒。喜光，忌强阳光直射，稍耐阴。宜肥沃、富有腐殖质、排水良好的壤土。除华南、西南地区外，需在温室盆栽。冬季室温保持在 12~15℃，则植株生长健壮、开花繁茂。

繁殖栽培

常用高枝压条与扦插法繁殖。一般在夏季的梅雨季节繁殖较好。扦插取半木质化的枝条，可用吲哚乙酸或吲哚丁酸处理后扦插。栽植管理简易。喜湿润、肥沃、疏松的壤土或砂壤土，以略呈酸性为宜。喜肥，夏季生长旺盛期，应勤施用碎骨末、鱼肠、蹄片泡制成的矾肥水。适当多施一些含磷质较多的液肥，能使其开花多，花香浓郁，色彩金黄。病害有茎腐病、炭疽病等；虫害有白娥蜡蝉、蚜虫、红蜘蛛、介壳虫等，注意防治。

景观特征

树姿秀丽，枝叶茂密，叶色葱绿光亮，四季常青，花香似兰，醇香诱人，为优良的芳香植物，开花季节浓香四溢。

园林应用

既可观叶又可赏花，小小黄色花朵形似鱼子，因此又名“鱼子兰”。可用于布置会场、门厅、庭院及家庭装饰。南方园林应用于庭院配置，为重要的香花植物。

米仔兰花枝

米仔兰枝叶

米仔兰果枝

*** 园林造景功能相近的植物 ***

中文名	学名	形态特征	园林应用	适应地区
四季米兰	*Aglaia duperreana*	矮小常绿灌木。枝叶密集，羽状复叶。花朵密集，可连续开花，花期较长	应用形式多样，可用于庭院布置、绿篱等	同米仔兰

米仔兰景观

米仔兰景观

米仔兰列植的景观

四季米兰花枝

四季米兰与黄榕在色彩、造型上的对比与协调

清香木

别名：香叶树、紫油木、细叶楷木、紫叶
科属名：漆树科黄连木属
学名：*Pistacia weinmannifolia*

清香木枝叶特写

形态特征

灌木或小乔木，高 1~8m，稀达 10~15m。树皮灰色；小枝具棕色皮孔，幼枝被灰黄色微毛。偶数羽状复叶互生；有小叶 4~9 对，叶轴具狭翅，上面具槽，被灰色微毛，小叶革质，长圆形或倒卵状长圆形，较小；小叶柄极短。花序腋生；花小，紫红色，密穗状花序圆锥形。核果球形，长约 5mm，宽约 6mm，成熟时红色。

适应地区

产于云南、西藏（东南部）、四川（西南部）、贵州（西南部）、广西（西南部）。

生物特性

阳性植物，喜光，耐半阴，耐干旱。对土壤要求不严，耐贫瘠，喜钙质土壤，要求排水良好。具有较强的耐寒能力，可以耐受短期 -10℃低温。

清香木景观

清香木景观

繁殖栽培

以播种繁殖为主，萌芽率较高，但幼苗生长缓慢。也可通过基部萌生苗进行分株繁殖。植株抗性良好，病虫害较少。在园林中以野生状态存在的比较多，不需要特别养护。

景观特征

植株以枝叶细密、小叶片精致光亮为特色，春季幼叶红色，十分美观，树姿婆娑，枝叶繁茂，是西南地区良好的乡土树种。

园林应用

耐干热树种，园林中丛植或片植效果均好，单株布置景观效果也良好。园林中也常用做盆景造型材料和优良的观果植物。皮、叶可提取芳香油，民间作香料用。

散沫花

别名：番桂、指甲花、紫指甲花
科属名：千屈菜科散沫花属
学名：*Lawsonia inermis*

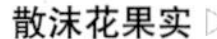

散沫花果实 ▷

形态特征

落叶灌木，高达6m。小枝略呈四棱形。叶交互对生，薄革质，椭圆形或椭圆状披针形，顶端短尖，基部楔形或渐狭成叶柄，侧脉5对，纤细，在两面微凸起。花序长可达40cm；花极香，白色或玫瑰红色至朱红色；花瓣4枚，略长萼裂，边缘内卷，有齿。蒴果扁球形，通常有4条凹痕；种子多数，肥厚，三角状尖塔形。花期6~10月，果期12月。

适应地区

我国广东、广西、云南、福建、江苏、浙江等省区有栽培。

生物特性

喜温暖，怕寒冷，在16~28℃的温度范围内生长较好。喜日光充足的环境，稍耐阴，最好保持全日照。喜湿润的土壤环境，稍耐旱，较耐水湿。

繁殖栽培

扦插繁殖为主，多在每年春、秋季节进行，硬枝、软枝均可。对肥料的需求量较多，除定植时施用基肥外，生长旺盛阶段每2~3周追肥一次。每年春季植株未萌芽前，将枯死枝、细弱枝剪除，夏、秋生长旺盛阶段应随时整形，将过密枝、徒长枝剪去。

散沫花序

散沫花景观

散沫花景观

景观特征

是枝条稀疏的大型灌木，叶片细小，花朵芳香。

园林应用

热带地区广泛栽培，常孤植或群植于庭院，为极美的庭院景观树。花可采收做香料，叶可提取红色染料，用做指甲染料最好。

金叶红千层

别名：千层金、金叶串钱柳
科属名：桃金娘科红千层属
学名：*Callistemon hybridus* cv. Gold Ball

形态特征

常绿小乔木或灌木，高 2~5m。树干浅色。叶螺旋状互生，线形，近无柄，叶缘近全缘，叶顶端尖，长 2~2.5cm，宽 0.8~1mm；枝条下部老叶黄绿色，新叶金黄色。花序长圆柱形，形如瓶刷，雄蕊多数，红色。

金叶红千层景观

适应地区

常用于热带和南亚热带地区栽培。

生物特性

喜光，光照充足则色彩鲜艳。能耐一定的低温。适应土质的范围广，从酸性到石灰岩土质，甚至盐碱地都能适应。抗病虫能力强，抗旱能力差。

金叶红千层路旁配置

金叶红千层枝叶特写

繁殖栽培

通常采用扦插和高空压条法繁殖，在春、秋两季进行，也可通过播种法繁殖。生长快，喜光，光照越强叶色越鲜亮，呈现金黄色甚至鹅黄色。分枝性能好，耐修剪，除了自然形态外，还可修剪成球形、伞形、树篱、金字塔形等各式各样的形状。夏季需要充足的水分供应。

景观特征

主干直立，枝条密集、柔软细长，新枝层层向上扩展，金黄色的叶片密集分布于整个树冠，使树冠形成一个色彩明亮的锥形，产生强烈的视觉效果。在广州秋、冬、春三季表现为金黄色，夏季由于温度较高为鹅黄色。夏季开小花，叶片具有芳香蜜味。

园林应用

是目前世界上最流行、视觉效果最好的色叶乔木新种之一，不仅可用于庭院景观、道路美化（用于行车道隔离带、人行道隔离带的造型小乔木或行道树）、小区绿化，还可用于林相改造。同时，由于其抗盐碱、耐强风的特性，非常适合海滨及人工填海造地的绿化、造景、防风固沙等，是沿海地区的景观造林树种新贵。

金叶红千层景观

金叶红千层群植景观

圆金柑

别名：罗纹、金柑、圆金橘
科属名：芸香科金柑属
学名：*Fortunella japonica*

形态特征

常绿灌木或小乔木，高 2~5m。枝有刺。小叶卵状椭圆形或长圆状披针形，长 4~8cm，宽 1.5~3.5cm，顶端钝或短尖，基部宽楔形；叶柄长 6~10mm，稀较长，翼叶狭至明显。花单朵或 2~3 朵簇生；花萼裂片 5 或 4 枚；花瓣长 6~8mm，雄蕊 15~25 枚，比花瓣稍短，花丝不同程度合生成数束，间有个别离生；子房圆球形，4~6 室，花柱约与子房等长。果圆球形，横径 1.5~2.5cm，果皮橙黄至橙红色，厚 1.5~2mm，味甜，油胞平坦或稍凸起，果肉酸或略甜。种子 2~5 颗，卵形，端尖或钝，基部圆，子叶及胚均绿色，单胚。花期 4~5 月，果期 11 至翌年 2 月。

圆金柑景观

适应地区

秦岭南坡以南各地栽种。

生物特性

喜温暖、湿润气候和阳光充足的环境，稍耐阴，较耐旱，生育适温为 22~29℃。宜栽于土层深厚、肥沃、排水良好的酸性砂质壤土上。

圆金柑果枝特写

繁殖栽培

嫁接繁殖，早春适宜，通常采用靠接法或枝接法。春梢萌芽前进行一次强度修剪、整形。生长过盛不易形成花芽，在新梢转绿而尚未木质化时需控制水分。适当增施磷肥，以促进枝条成熟和花芽分化。

景观特征

树冠半圆形，枝条细密整齐，叶色碧绿，果实鲜艳，春、夏之际洁白的花朵开满枝头，香气四溢，花后果实由绿转黄，金色果实压满枝条。

园林应用

是庭院绿化的珍贵观花、观果树木，散植、丛植均可，也适宜盆栽观赏。

柑橘果特写

圆金柑花特写

柑橘花枝特写

柑橘景观

花叶柑橘

*** 园林造景功能相近的植物 ***

中文名	学名	形态特征	园林应用	适应地区
长果金橘	*Fortunella margarita*	叶披针形，翼叶较窄。柑果椭圆形，金黄色	同圆金柑	全国各地
柑橘	*Citrus reticulata*	叶矩圆形，翼叶较窄。柑果圆形，成熟红色	同圆金柑	长江流域以南地区

九里香

别名：千里香、九树香、九秋香、十里香
科属名：芸香科九里香属
学名：*Murraya paniculata*

形态特征

灌木或小乔木，高达 12m。树干及小枝白灰或淡黄灰色，略有光泽。幼苗期的叶为单叶，其后为单小叶及二小叶，成长叶有小叶 3~5 片，稀 7 片；小叶深绿色，叶面有光泽，卵形或卵状披针形，长 3~9cm，宽 1.5~4cm，边全缘，波浪状起伏；小叶柄长不足 1cm。花序腋生及顶生，通常有花 10 朵以内；萼片卵形，长达 2mm；花瓣倒披针形或狭长椭圆形，长达 2cm，盛花时稍反折，散生淡黄色半透明油点；雄蕊 10 枚，长短相间，花丝白色，线状。果橙黄至朱红色，狭长椭圆形，稀卵形，顶部渐狭，长 1~2cm，宽 5~14mm。种子 1~2 颗，种皮有棉质毛。花期 4~9 月，也有些秋、冬季开花，果期 9~12 月。品种有小叶九里香（var. *exotica*）、花叶九里香（cv. Variegata）。

适应地区

产于我国云南、贵州、湖南、广东、广西、福建、台湾等地，亚洲热带及亚热带其他地区也有分布。

生物特性

喜光，稍耐阴。喜温暖气候，不耐寒，北方多进行盆栽，冬季室温不宜低于 5℃。适生于深厚、肥沃而排水良好的土壤。

繁殖栽培

播种繁殖，20~30 天可出苗。也可在 6~7 月扦插繁殖，约 1 个月即可生根。也可在 5~8 月进行高压繁殖。华北地区只能作温室盆栽，在水肥充足的情况下生长迅速，要注意给予充足的阳光，及时追施稀薄肥水，对于过密枝条或徒长枝，要进行修剪。

景观特征

树姿优美，枝叶秀丽，花香宜人，四季常青。树皮色浅，有沧桑古老之状，叶片青绿光亮、芳香，生机勃勃，是南方优秀的芳香景观植物。

园林应用

可在园林绿地中丛植、孤植，或做绿篱，寒地可盆栽观赏，是岭南盆景中的四大树种之一。

九里香果枝

九里香花枝

花叶九里香

*** 园林造景功能相近的植物 ***

中文名	学名	形态特征	园林应用	适应地区
翼叶九里香	*Murraya alata*	小叶 5~9 片，叶轴有或宽或窄的翼叶。有花 3 数朵的腋生聚伞花序，花瓣长而宽，长 10mm 以上	同九里香	产于广东雷州半岛、海南南部、广西北海市附近
咖喱九里香	*M. koenigii*	小叶 13~31 片。花瓣短而狭，长约 8mm	同九里香	产于海南南部、云南南部，东南亚也有分布

九里香景观

九里香景观

九里香景观

结香

别名：黄瑞香、打结花、梦花、雪花皮、蒙花、三叉树
科属名：瑞香科结香属
学名：*Edgeworthia chrysantha*

形态特征

落叶灌木，高 0.7~1.5m。小枝粗壮，褐色，常作三叉分枝；幼枝常被短柔毛，韧皮极坚韧。叶在花前凋落，长圆形、披针形至倒披针形，先端短尖，基部楔形或渐狭，两面均被银灰色绢状毛，下面较多；侧脉纤细，弧形，每边 10~13 条，被柔毛。头状花序顶生或侧生，花 30~50 朵成绒球状，外围以 10 枚左右被长毛而早落的总苞；花芳香，无梗。果椭圆形，绿色，顶端被毛。花期冬末春初，果期春、夏间。同属 4 种，栽培的还有小结香（*E. gardneri*）、白结香（*E. albiflora*）、滇结香（*E. gardneri*）。

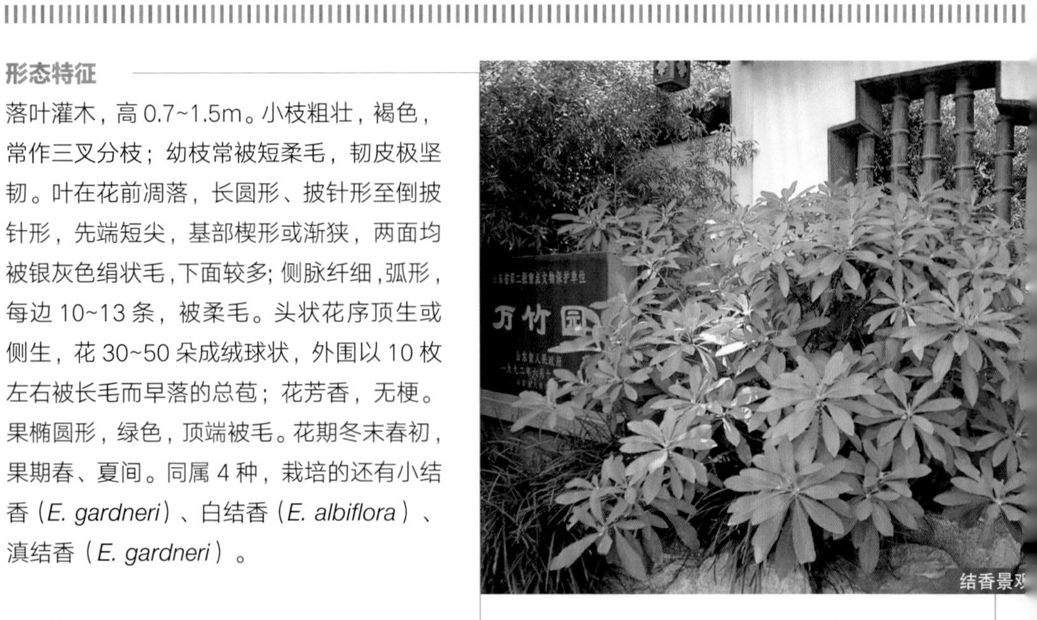

结香景观

适应地区

产于河南、陕西及长江流域以南诸省区，野生或栽培。

结香景观

生物特性

喜温暖气候，耐半阴，也耐日晒，但不耐寒。根肉质，怕水湿，在肥沃、排水良好的土壤中生长良好，根颈处易长蘖丛。

繁殖栽培

扦插和分株法繁殖。扦插在 2 月下旬至 3 月进行，春季发芽前分株。栽培管理简便，耐寒性较强，可在黄河以南地区露地栽培。保持土壤潮湿，干旱易引起落叶，影响开花。成年植株应修剪老枝，以保持树形的丰满。

景观特征

树形优美，分枝奇特，分枝呈三叉状，姿态清逸，花多成簇，先叶开放，芳香四溢，分外醒目。

园林应用

适宜孤植、列植、丛植于庭前、道旁、墙隅、草坪中，或点缀于假山岩石旁，也可盆栽。全株可入药，可舒筋活络、消炎止痛。

结香枝叶

结香花序

结香景观

结香早春开花景观

海桐

别名：山瑞香、七里香、山矾
科属名：海桐花科海桐属
学名：*Pittosporum tobira*

形态特征

常绿灌木或小乔木，高达6m。树冠圆球形，枝叶密生，枝条近轮生。叶聚生于枝顶，二年生，革质，倒卵形或卵状披针形，上面深绿色，光滑，先端圆形或钝，常微凹入或为微心形。伞形花序或伞房状伞形花序顶生或近顶生，花白色，有芳香，后变黄色。蒴果圆球形，熟时3瓣状开裂，露出鲜红色的种子。花期5~6月，果熟期9~10月。有栽培变种银边海桐（var. *variegatum*），叶边缘具白斑。

海桐景观

适应地区

原产于我国长江流域，江苏、浙江、福建、广东、海南、广西、台湾、香港、澳门等地适宜应用。

海桐景观

生物特性

喜阳光，不怕烈日强光直射，也能耐半阴至全阴的环境。有一定耐寒力，在黄河以南地区可露地越冬，北方均做盆栽，寒露前要移入室内越冬。在南方沿海城市做绿化树种，能抗海潮和海风。对土壤要求不严，能耐轻度盐碱。盆栽要求富含腐殖质、疏松、肥沃的沙壤土。

繁殖栽培

用播种、扦插繁殖。主要用播种法，于每年9~10月果熟将开裂时采收种子，略晾开阴干取出种子后立即进行苗床播种，播种床宜用禾草等覆盖，大约第二年春天发芽。目前城市绿化一般都是用营养袋苗，因株形较大，可用40cm×40cm至50cm×50cm的株行距。栽后修剪整齐。在栽培管理过程中，经常会发生蚜虫、介壳虫等危害，应经常修剪，保证通风、透光，发生虫害初期应及时喷40%的氧化乐果1000倍液等农药防治。

景观特征

枝叶茂密，下枝覆地，四季碧绿，叶色光亮，自然生长呈圆球形，叶色浓绿而有光泽，经冬不凋。初夏花朵清丽芳香，入秋果熟开裂时露出红色种子，也颇美观，是南方城市及庭园常见的绿化观赏树种。

海桐花枝特写

海桐景观

银边海桐景观

海桐景观

园林应用

通常用做房屋基础种植及绿篱材料，可孤植或丛植于草坪边缘或路旁、河边，也可群植组成色块。为海岸防潮林、防风林及厂矿区绿化树种，并宜做城市隔噪声和防火林带。华北地区多作盆栽观赏，低温时要进温室越冬。

蜡梅

别名：腊梅、蜡木、黄梅、干枝梅、唐梅
科属名：蜡梅科蜡梅属
学名：*Chimonanthus praecox*

形态特征

落叶灌木，高达 4m。幼枝四棱形，老枝近圆柱形，灰褐色，无毛或被疏微毛，有皮孔；鳞芽通常着生于第二年生的枝叶腋内。叶纸质至近革质，卵圆形、椭圆形、宽椭圆形至卵状椭圆形，有时长圆状披针形，顶端急尖至渐尖。花着生于第二年生枝条叶腋内，先花后叶，芳香；花被片圆形、长圆形、倒卵形、椭圆形或匙形，无毛，内部花被片比外部花被片短，基部有爪。果托近木质化，坛状或倒卵状椭圆形，并具有钻状披针形的被毛附生物。花期 11 月至翌年 3 月，果期 4~11 月。同属有 3 种，为我国特产，栽培观赏仅此 1 种。

蜡梅花

蜡梅枝特写

适应地区

野生于山东、江苏、安徽、浙江、福建、江西、湖南、湖北、河南、陕西、四川、贵州、云南等省；广西、广东等省区均有栽培。

生物特性

适应性强，喜湿润和阳光充足的环境，较耐寒，在不低于 -15℃下能安全越冬。耐旱和耐半阴，怕水湿和风，发枝力强，耐修剪。喜土层深厚、湿润、疏松、排水良好的微酸性土壤。

繁殖栽培

以嫁接繁殖为主，多在每年 4~6 月进行，砧木采用蜡梅实生苗。也可采用播种、扦插、分株、压条等方法进行育苗。栽培中注意树形修剪，以保持树姿优美。落叶或谢花后施一次肥，发芽后剪去幼果，可以集中养分形成新花芽。北方盆栽要加强修剪，促进新枝更新，每 2~3 年换盆一次，换盆时应将老根用利刀修去 1 圈，以便重生新根。夏季要浇 2~3 次液肥，供形成花芽养分。

景观特征

枝干古朴，凌寒绽蕊，自古以来就深受我国人民喜爱，其花色似蜡，花期长，是具有中国园林特色的冬季典型花木。

园林应用

一般以自然式孤植、丛植于庭院内，配置于入口两侧、厅前亭旁、窗前屋后、水畔斜坡。花枝可作切花欣赏，老桩还是制作盆景的好材料。花可提取蜡梅浸膏，也可入药，解暑生津。

蜡梅花特写

蜡梅无花时景观

蜡梅无花时景观

蜡梅无花时景观

*** 园林造景功能相近的植物 ***

中文名	学名	形态特征	园林应用	适应地区
夏蜡梅	*Sinocalycathus chinensis*	幼枝近圆柱状。叶全缘或具不整齐的细齿。花被片白色，边缘微带紫红色，无香气	同蜡梅	原产于浙江中部地区，生于海拔 600~900m 的林下

迷迭香

别名：万年香、乃尔草、艾菊
科属名：唇形花科迷迭香属
学名：*Rosmarinus officinalis*

形态特征

灌木，高达 2m。茎及老枝圆柱形，皮层暗灰色，具不规则的纵裂，块状剥落；幼枝四棱形，密被白色星状细茸毛。叶常在枝上丛生，具极短的柄或无柄；叶片线形，先端钝，基部渐狭，全缘，向背面卷曲，革质，上面稍具光泽，近无毛，下面密被白色的星状茸毛。花近无梗，对生，少数聚集在短枝的顶端组成总状花序；苞片小，具柄；花萼卵状钟形，二唇形，上唇近圆形，全缘或具很短的 3 齿，下唇 2 齿，齿卵圆状三角形；花冠蓝紫色，外被疏短柔毛，内面无毛，冠筒稍外伸，冠檐二唇形；雄蕊 2 枚发育，着生于花冠下唇的下方。花期 11 月。依其生长习性，品种基本上分直立型和匍匐型 2 类。直立型品种有开白色花之（cv. Albus），开浅蓝色花之（cv. Miss Jessup），适合烹调及景观造园应用，开紫色花之（cv. Tuscan Blue）能适应高温及多雨的生长环境等。匍匐型品种因有扭曲及涡旋状的分枝，为极佳吊盆及地被植物，有开蓝色花之（cv. Prostratus），及生长快速、开浅蓝色花之（cv. Mrs. Howard's Creeping）等品种。

适应地区

目前生产地为欧洲、南非、印度、中国及澳大利亚。

生物特性

喜温暖气候，喜日照充足、通风良好，耐旱，喜排水良好的疏松石灰质土壤。生育适温为 8~28℃，在南方地区栽培，只要避开长期雨淋，都可生长良好。

繁殖栽培

通常扦插繁殖，春、秋季较适宜。选取健康枝条做插穗，长度 7~8cm 或 10~15cm。将下方 1/3 的叶片去除，置于水中或浸泡发根

迷迭香景观

迷迭香株形

素。通常扦插 20~30 天后即可发根，30~45 天后形成健全的根系。也可采用分株、压条或播种繁殖。浇水需注意防止水分过多，否则叶片或叶尖会变褐色或掉落，也容易发生根腐，因此盆栽时，栽培基质要混有 10% 的珍珠岩或砂以改善排水。枝条生长快速，最好能定期修剪，以维持较好的株形及长势。

景观特征

叶针形，生长浓密，整株带有淡雅清凉的薄荷香气，香味强烈，春季花朵盛开时仿佛露水一般，故又称作“海洋之露”。

园林应用

常在混合式或灌木花坛中做观赏植物，在温暖的地区，直立型的也可当作篱笆之用；匍匐性的则适合种植在岩石园、花槽、大型盆器里以及墙垣边，也可做混合花坛的地被植物。迷迭香用途广泛，除了烹调时作为香料外，药理上还有杀菌、抗氧化、提神醒脑等作用，提炼的精油可制造香水。

迷迭香花枝特写

迷迭香景观

迷迭香旱景

黄荆

别名：五指柑、布荆
科属名：马鞭草科牡荆属
学名：*Vitex negundo*

形态特征

灌木或小乔木。小枝四棱形，密生灰白色茸毛。掌状复叶，小叶5片，少有3片；小叶片长圆状披针形至披针形，顶端渐尖，基部楔形，全缘或每边有少数粗锯齿，表面绿色，背面密生灰白色茸毛；两侧小叶依次渐小，若具5片小叶时，中间3片小叶有柄，最外侧的2片小叶无柄或近于无柄。聚伞花序排成圆锥花序式，顶生，花序梗密生灰白色茸毛；花萼钟状，顶端有5裂齿，外有灰白色茸毛；花冠淡紫色，外有微柔毛，顶端5裂，二唇形；雄蕊伸出花冠管外；子房近无毛。核果近球形，宿萼接近果实的长度。花期4~6月，果期7~10月。常见变种、变型有小叶荆（var. *microphylla*）、疏序黄荆（var. *laxipaniculata*）、白毛黄荆（*f. alba*）、拟黄荆（var. *thyrsoides*）、牡荆（var. *cannabifolia*）、荆条（var. *heterophylla*）。

适应地区

主要产于长江以南各省区，北达秦岭淮河。生于山坡旁或灌木丛中。

生物特性

喜光，能耐半阴，但也耐干旱、瘠薄和寒冷。好肥沃土壤。

繁殖栽培

播种、扦插、分株繁殖均可。萌蘖力强，耐修剪，每年秋后进行一次整形修剪，疏去一些不必要的枝条，以保持树姿。平时可经常摘心，控制枝叶徒长。

景观特征

树形疏散，叶茂花繁，淡雅秀丽。桩景古朴素雅，盘曲苍老，枝叶扶疏，清秀悦目。春季新叶初放，满枝嫩绿，如枯木逢春，葱葱郁郁，显现生机；冬季枝叶落尽，袒筋露骨，更有一番诗意。

园林应用

最适宜植于山坡、湖塘边、游路旁点缀风景。园林中做盆栽的多是从山区挖取老桩，上盆后稍加整理即可观赏。花和枝叶可提取芳香油。

黄荆花枝特写

黄荆景观

黄荆花枝特写

＊园林造景功能相近的植物＊

中文名	学名	形态特征	园林应用	适应地区
单叶蔓荆	*Vitex trifolia*	茎匍匐，节处常生不定根。单叶对生。圆锥花序顶生	优良的地被植物，可孤植或群植	分布于我国南部和东部沿海地区

黄荆景观

黄荆景观

黄荆景观

黄荆景观

黄荆景观

醉鱼草

别名：闭鱼花、鱼尾草、痒见消、五霸蔷、阳包树、雉尾花、药杆子、毒鱼草
科属名：马钱科醉鱼草属
学名：*Buddleja lindleyana*

形态特征

灌木，高1~3m。茎皮褐色；小枝具4棱，棱上略有窄翅；幼枝、叶片下面、叶柄、花序、苞片及小苞片均密被星状短茸毛和腺毛。叶对生，萌芽枝条上的叶为互生或近轮生，叶膜质，卵形、椭圆形至长圆状披针形，顶端渐尖，基部宽楔形至圆形，边缘全缘或具有波状齿，上面深绿色，幼时被星状短柔毛，后变无毛，下面灰黄绿色。穗聚伞花序顶生；花紫色，芳香；花萼钟状，长约4mm。果序穗状；蒴果长圆状或椭圆状。花期4~10月，果期8月至翌年4月。同属约100种，我国产30种，常见栽培的有白花醉鱼草（B. *asiatica*）、大叶醉鱼草（B. *davidii*）、互叶醉鱼草（B. *alternifolia*）、密蒙花（B. *officinalis*）。

醉鱼草景观

适应地区

产于江苏、安徽、浙江、江西、福建、湖北、湖南、广东、广西、四川、贵州和云南等省区。生于海拔200~2700m的山地路旁、河边灌木丛中或林缘。

生物特性

喜温暖气候，稍耐寒，耐旱，喜光，也能耐阴。在排水良好、湿润、肥沃的壤土上生长旺盛。根部萌芽力很强。

繁殖栽培

用播种、扦插或分株法繁殖。播种因种子小，适于高床撒播，要注意保湿、搭棚遮阴，待苗高约10cm时分栽。扦插可于春季进行，用休眠枝做插条。分株可结合移栽进行，成活容易。管理粗放。花谢后宜将残花连枝剪去一段，促发新枝。春季常有生长弱的枝条干枯，也应于发芽 时修剪。夏季可酌施一次肥料，促进花芽生长。

景观特征

枝叶婆娑，花朵繁茂雅致，紫色小花如紫色花带，且具芳香。

园林应用

园林中栽植于坡地、桥头、墙根，或做中型绿篱，或在空旷草地丛植。因耐旱，耐瘠薄，故又可做干旱坡地及固沙种植材料。花和叶含多种黄酮类，花、叶及根供药用，全株可用做农药，专杀小麦吸浆虫、螟虫及灭孑孓等。

醉鱼草花枝特写

醉鱼草景观

醉鱼草花序特写

醉鱼草花枝特写

醉鱼草景观

密蒙花景观

山指甲

别名：小蜡、水黄杨
科属名：木犀科女贞属
学名：*Ligustrum sinense*

形态特征

落叶灌木或小乔木，高 2~7m。小枝圆柱形，幼时被淡黄色短柔毛或柔毛，老时近无毛。叶纸质或薄革质，卵形或近圆形，先端锐尖、短渐尖至渐尖，或钝而微凹，基部宽楔形至近圆形，或为楔形；叶柄被短柔毛。圆锥花序顶生或腋生，塔形；花序轴被较密淡黄色短柔毛或柔毛以至近无毛。果近球形。花期 3~6 月，果期 9~12 月。本种有多个变种，包括卵叶小蜡（var. *stauntonii*）、红药小蜡（var. *multiflorum*）、银姬小蜡（var. *variegatum*）、罗甸小蜡（var. *luodianense*）、皱叶小蜡（var. *rugosulum*）、峨边小蜡（var. *opienense*）、光萼小蜡（var. *myrianthum*）、滇桂小蜡（var. *concavum*）。

适应地区

产于我国江苏、浙江、安徽、江西、福建、台湾、湖北、湖南、广东、广西、贵州、四川、云南。生于海拔 200~2600m 的山坡、山谷、溪边、河旁、路边的密林、疏林或混交林中。

山指甲花序

山指甲果枝

生物特性

喜温暖、湿润气候，耐阴。适应性强，对土壤湿度较敏感，干燥瘠薄地生长发育不良。

繁殖栽培

可播种、扦插繁殖，秋末播种，春季扦插。移植适期为 10~11 月或 3 月，需带土球移植。管理较粗放，生长势旺，枝叶密，观赏效果好，易于修剪造型。

景观特征

根蘖多，枝叶紧密、株形圆整，质感佳。

园林应用

常植于庭园观赏，丛植于林缘、池边、石旁都可，规则式园林中可修剪成长、方、圆等几何形体。其老根古朴，虬曲多姿，宜做树桩盆景。江南常作绿篱应用，也常栽植于工矿区。

银姬小蜡叶特写 ▷

山指甲景观

山指甲景观

山指甲景观

山指甲景观

银姬小蜡景观

山指甲景观

山指甲景观

绵杉菊

别名：银香珊瑚
科属名：菊科绵杉菊属
学名：*Santolina chamaecyparissias*

绵杉菊花序、枝条特写

形态特征

低矮灌木，枝叶密集，外形球状。幼嫩枝条具白色茸毛。叶密集，细小，狭长矩圆形，边缘具牙齿或羽裂，叶长4cm，细裂，叶色灰白色。头状花序黄色，直径1cm，花序梗细长，凸出植株之上。有cv. Lambrook Silver、cv. Lemon Queen等品种。

适应地区

原产于地中海地区，我国长江流域和西南地区有栽培。

生物特性

耐寒、耐旱的岩生植物，喜光照，不耐阴。对土壤肥力要求不高，但需要排水性能良好。

繁殖栽培

播种、扦插和压条法繁殖。管理比较粗放，抗性较强。长势缓慢，春季修剪为宜。

景观特征

在景观上十分有特色，叶子银白，植株银色，整个景观呈现银白色；开花期花序突出，花黄色，整个景观又变成了黄色。

园林应用

在欧洲香草花园一般做色彩围边，用于岩石园布置，做地被和绿篱均可。国内应用日渐广泛。

绵杉菊景观

绵杉菊景观

绵杉菊景观

栀子

别名：水横枝、山栀、黄栀子、黄枝
科属名：茜草科栀子花属
学名：*Gardenia jasminoides*

栀子花特写 ▷

形态特征

灌木，高0.3~3m。嫩枝常被短毛，枝圆柱形，灰色。叶对生，革质，叶形多样，通常为长圆状披针形、倒卵形或椭圆形，绿色，具光泽。花芳香，通常单朵生于枝顶。浆果椭圆形，金黄色或橙红色。种子多数。花期6~8月，果期 9~11月。品种有花叶栀子（cv. Radicans Variegata）、雀蝉（var. *aureovariegata*）、白蝉（var. *fortuniana*）。

适应地区

产于我国长江流域及其以南各省区。

栀子景观

生物特性

喜光，也耐阴，强光直晒易焦叶。喜温暖、湿润气候，不耐寒，要求相对湿度在 70% 以上。宜疏松、肥沃、湿润而排水良好的酸性土壤，不耐干旱、瘠薄，也忌低洼积涝。

花叶栀子景观

繁殖栽培

以扦插和压条繁殖为主。扦插硬枝或嫩枝均可，10~15 天生根。北方栽培需注意改良水土，生长期宜常浇用硫酸亚铁配制的矾肥水，平时多施有机液肥并保持空气湿润。

景观特征

四季常青，枝叶繁茂，端午节前后开花，未开时花蕾白中透碧，花开时呈白色，花香四溢，是花、叶俱美的观赏花木，也是我国八大香花之一。

园林应用

可丛植做花篱，或于疏林下、林缘、庭前、路旁以及山石旁散植，也可盆栽或制作盆景，花还可做插花和佩带装饰。

＊园林造景功能相近的植物＊

中文名	学名	形态特征	园林应用	适应地区
狭叶栀子	*Gardenia stenophylla*	叶小，呈狭披针形。花也小，单瓣	同栀子	同栀子
花叶栀子	*G. jasminoides* cv. *Radicans Variegata*	叶大，具白色斑块	同栀子	同栀子

夜来香

别名：夜香树、洋素馨、夜丁香
科属名：茄科夜香树属
学名：*Cestrum nocturnum*

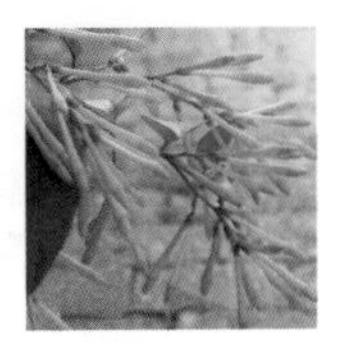

夜来香花序 ▷

形态特征

直立或近攀援状灌木，高 2~3m。全体无毛；枝条细长而下垂。叶有短柄，叶片矩圆状卵形或矩圆状披针形，全缘，顶端渐尖，基部近圆形或宽楔形，两面秃净而发亮，有 6~7 对侧脉。伞房式聚伞花序，腋生或顶生，疏散，有极多花；花绿白色至黄绿色，晚间极香；花萼钟状，5 浅裂，裂片长约为筒部的 1/4；花冠高脚碟状，筒部伸长，下部极细，向上渐扩大，喉部稍缢缩，裂片 5 片，直立或稍开张，卵形，急尖，长约为筒部的 1/4。浆果矩圆状，有 1 颗种子。种子长卵状。花期夏、秋季。

夜来香景观

夜来香景观

适应地区

我国福建、广东、广西和云南有栽培。

生物特性

喜温暖、向阳和通风良好的生长环境，忌寒冷。要求疏松、肥沃的土壤。生长健壮，适应性强。

夜来香景观

繁殖栽培

多用扦插繁殖，于早春结合修剪进行。生长旺盛季节每半个月施一次稀薄腐熟的液肥。花后将枯干枝条和过密枝条剪除。冬季控制浇水，使植株休眠。如栽培良好，可自春季至秋季不断开花。

景观特征

枝条细长蓬散，形态优美，夏、秋季开花，花期长而花繁茂，黄绿色花朵傍晚开放，异香扑鼻。

园林应用

常单株单丛种植于天井、庭院、墙沿、草坪等处，也用做切花。

番茉莉

别名：鸳鸯茉莉、五彩茉莉
科属名：茄科番茉莉属
学名：*Brunfelsia acuminata*

形态特征

常绿小灌木，高 1m 余。枝密生，开展。叶互生，长椭圆形，全缘。花单生于枝顶或呈聚伞花序，蓝紫色，后变淡蓝色或白色，具芳香。花期 4~6 月。

番茉莉花枝

适应地区

我国南方地区有栽培。

生物特性

喜温暖、湿润，忌干风，不耐寒冷，忌霜冻，气温 15℃以下时生长停滞，遇长期 3~5℃低温会有冷冻。我国北回归线以南地区正常年份可在露地越冬，寒冷年份有冻害，华南北部和华中、华北地区只做盆栽，冬季移入温棚或室内。喜光，耐高温，但不宜长期烈日直射。宜肥沃、湿润的酸性土。

番茉莉景观

繁殖栽培

播种、扦插和压条法繁殖。扦插宜选用 2 年生已木质化的粗壮枝，截成长 10cm 的一段做插穗，于春末气温稳定回升后进行。高压法育苗于 4~6 月进行，约 1 个月发根，50 天可剪下，当年即可开花供观赏。定植土壤需拌腐熟垃圾或过磷酸钙做基肥，花芽形成前及开花盛期施复合肥 2~3 次，控制氮肥，以免徒长枝叶。夏季晴天，应经常喷雾，可促使开花繁多，芳香四溢。

番茉莉景观

景观特征

叶圆整青翠，颇为秀丽。花高脚碟状，单朵或数朵簇生于枝头，一株树上常有白色与紫红色或淡红色的花朵相间开放，情意浓郁，喻为鸳鸯，奇特雅致。

园林应用

是布置花坛、花境和建筑物基础种植的优美花木，也宜盆栽。华南温暖地区庭院中常作露地花卉栽培，华北地区则为夏季露天摆放和冬季室内布置的优良盆栽花卉。

番茉莉花枝

番茉莉景观

番茉莉景观

番茉莉景观

✽ 园林造景功能相近的植物 ✽

中文名	学名	形态特征	园林应用	适应地区
大番茉莉	*Brunfelsia calycina*	萼筒长于番茉莉，花瓣宽大，径约 5cm，呈深紫色或深红色，花筒部白色或蓝色	同番茉莉	同番茉莉
长叶番茉莉	*B. latifolia*	花萼极短，5 齿裂，长仅花冠筒的 1/3；花瓣宽，径约 3.8cm	同番茉莉	同番茉莉

茉莉

别名：暗麝、茶叶花、抹利、抹丽、末利、木梨花、柰、玉麝
科属名：木犀科茉莉花属
学名：*Jasminum sambac*

形态特征

直立或攀援灌木，高达 3m。小枝圆柱形或稍压扁状，有时中空，疏被柔毛。叶对生，单叶，纸质，圆形、椭圆形、卵状椭圆形或倒卵形，长 4~12.5cm，宽 2~7.5cm，两端圆或钝，基部有时微心形；侧脉 4~6 对，在上面稍凹入，下面凸起，细脉在两面常明显，微凸起，除下面脉腋间常具簇毛外，其余无毛；叶柄被短柔毛，具关节。聚伞花序顶生，通常有花 3 朵，有时单花或多达 5 朵；苞片微小，锥形；花极芳香，花冠白色。果球形，呈紫黑色。花期 5~8 月，果期 7~9 月。品种较多，其中栽培品种依花型结构一般分为单瓣茉莉、双瓣茉莉和多瓣茉莉 3 种。

茉莉景观

适应地区

原产于印度和中国南方地区，现世界各地广泛栽培。

生物特性

喜光，以日照率 60%~70% 为佳。10℃以下生长极为缓慢，约 19℃开始萌芽，25℃以上花芽才能分化。土壤含水量 60%~80% 有利于生长发育，喜微酸性土壤，以 pH 值 6~6.5 为宜。

繁殖栽培

压条法繁殖为主，多在每年 4~6 月进行。也可采用播种、扦插等方法进行育苗。花期长，耗肥多，故生长季宜多施追肥，整个生长季节应追肥 6~7 次。喜强光，最好保证全日照，阳光不足则植株开花较少。生长旺盛阶段，应对长度达 1m 的徒长枝进行短截，以促进花芽分化。

景观特征

枝蔓修长，叶片翠绿，花朵洁白玉润、清香四溢。

园林应用

在温暖地区可丛植于绿地角隅或庭院之中，寒冷地区多盆栽观赏。本种的花极香，为著名的花茶原料及重要的香精原料。

*** 园林造景功能相近的植物 ***

中文名	学名	形态特征	园林应用	适应地区
毛茉莉	*Jasminum multiflorum*	单叶对生，椭圆形，花瓣顶端急尖状	同茉莉	同茉莉

毛茉莉花枝

茉莉花枝

茉莉景观

毛茉莉景观

茉莉景观

香露兜树

别名：香林投、碧血树、七叶兰、剑叶橘香草、香兰
科属名：露兜树科露兜树属
学名：*Pandanus odorus*

形态特征

常绿灌木，高 30~70cm。丛生状，具有香气；成树近根处生多数气根，树干表面具环状叶痕。枝端着生密集的叶片，螺旋状排列；叶剑形，略凹，全缘，近先端处有数枚不明显疏生短刺，平行脉，中脉有尖刺。不易开花结果。

香露兜树景观

适应地区

原产于亚洲热带地区，我国南部热带、南亚热带地区应用。

生物特性

栽培容易，耐阴性强，全日照或半日照均理想。喜高温，生育适温为 22~32℃。对土壤要求不严，但以排水良好、肥沃的砂壤土、腐殖土或壤土为宜。

繁殖栽培

植株长出腋芽可用于分株繁殖，也可利用茎节扦插繁殖。抗性强，极易成活，高温、高湿有利于生长。

景观特征

生性强健，叶丛生，富有光泽，呈螺旋状排列，叶簇美观，质感坚硬有力，外形奇特，是近年新引进种类，绿化景观效果好。

园林应用

适合庭院丛植、列植、群植，也适应水体边缘布置，同时也是良好的盆花。

香露兜树枝叶特写

香露兜树景观

什锦丁香

科属名：木樨科丁香属
学名：*Syringa chinensis*

什锦丁香花序 ▷

形态特征

灌木，高达 5m。树皮灰色；枝细长，开展，常弓曲，小枝黄棕色，有时呈四棱形，无毛，具皮孔。叶卵状披针形至卵形，先端锐尖至渐尖，基部楔形至近圆形，上面深绿色，下面粉绿色，两面无毛。圆锥花序直立，由侧芽抽生；花序轴、苞片、花梗和花萼均无毛；花冠紫色或淡紫色，花冠管细弱，圆柱形；裂片呈直角开展，卵形、长圆状椭圆形至倒卵形。花期 4~5 月。品种有白花什锦丁香（*Syringa chinensis* f. *alba*）、重瓣什锦丁香（*Syringa chinensis* f. *duplex*）。

适应地区

我国有栽培。

生物特性

阳性，在阴处或半阴处生长细弱，且开花稀少，喜暖湿气候，耐寒，怕涝。对土壤要求不严，耐干旱、瘠薄，以土壤疏松的中性土为佳。

繁殖栽培

可扦插、嫁接、分株、压条、播种繁殖。一般多用扦插和嫁接。嫁接砧木可用小叶女贞、水蜡、流苏的苗木。树形要求直正，不要偏冠，也不要过度修剪侧枝，保持冠形圆满，开花多。花后不留种者，应将残花枝剪掉。

什锦丁香景观

景观特征

具有独特的芳香、硕大的花序、淡雅的花色、丰满而秀丽的姿态。

园林应用

春天开花，色、香俱全，可丛植或群植于草地、林缘、窗前等处，或与其他花木搭配栽植于林缘。枝条细长直立，萌蘖性强，生长旺盛，是极好的花篱材料。

*** 园林造景功能相近的植物 ***

中文名	学名	形态特征	园林应用	适应地区
蓝丁香	*Syringa meyeri*	花蓝紫色。花期 4~5 月	同什锦丁香	同什锦丁香
小叶丁香	*S. microphylla*	花粉红色。花期 4~5 月	同什锦丁香	同什锦丁香

什锦丁香景观

什锦丁香景观

小叶丁香景观

蓝丁香景观

蓝丁香花序

蓝丁香景观

紫丁香

别名：丁香、华北紫丁香
科属名：木犀科丁香属
学名：*Syringa oblata*

形态特征

灌木或小乔木，高达5m。树皮灰褐色或灰色；小枝较粗，疏生皮孔。叶革质或厚纸质，卵圆形至肾形，宽常大于长，长2~14cm，宽2~15cm，先端短凸尖至长渐尖或锐尖，基部心形、截形至近圆形，或宽楔形，上面深绿色，下面淡绿色。圆锥花序直立，由侧芽抽生，近球形或长圆形；花冠紫色，花冠管圆柱形，裂片呈直角开展。花期4~5月。变种有白丁香（var. *alba*）、紫萼丁香（var. *giraldii*）、湖北丁香（var. *hupehensis*）、佛手丁香（cv. *Albo-plena*）。

紫丁香景观

适应地区

产于东北、华北、西北地区（除新疆）以至西南四川北部。生于海拔300~2400m的山坡丛林、山沟溪边、山谷路旁及滩地水边。长江以北各庭院普遍栽培。

生物特性

温带及寒带树种，耐寒性尤强，喜光照，也稍耐阴。较耐旱，忌在低湿处种植，否则发育停止，枯萎而死。喜肥沃、湿润、排水良好的土壤。

繁殖栽培

可扦插、嫁接、分株、压条、播种繁殖。南方多用扦插和嫁接，北方则以播种为主。2~3月条播，当年秋后可移植培大。嫁接可用女贞做砧木，3月上中旬高接。休眠枝2~3月扦插，南方可随剪随插。喜肥、好光，畏湿。冬季施足以磷、钾为主的基肥，促使翌年花叶繁茂。适应性强，不耐特殊管理，但应重视修剪，要在春季新芽即将长出时疏剪，使主枝稠密适度。花序凋谢后，将残花枝剪掉。

景观特征

在观赏花木中久负盛名，枝叶茂密，姿容媚秀。花序硕大，绽开于百花斗妍的仲春，盛开时花序满株，花团锦簇，且香气四溢，沁人肺腑。

园林应用

为北方最常见的花木，南方应用也较普遍，已成为国内外园林应用中不可缺少的花木。可丛植于路边、草坪或向阳坡地，或与其他花木搭配栽植在林缘，也可在庭前、窗外孤植，或布置成专类园，还宜盆栽。对二氧化硫及氟化氢等多种有毒气体都有较强的抗性，故又是工矿区等绿化、美化的良好材料。

紫丁香花序 ▷

紫丁香果枝

紫丁香景观

紫丁香景观

欧洲丁香

别名：洋丁香
科属名：木犀科丁香属
学名：*Syringa vulgaris*

形态特征

灌木或小乔木，高3~7m。树皮灰褐色。小枝、叶柄、叶片两面、花序轴、花梗和花萼均无毛，或具腺毛，老时脱落；小枝棕褐色，略带四棱形，疏生皮孔。叶卵形、宽卵形或长卵形，先端渐尖，基部截形、宽楔形或心形，上面深绿色，下面淡绿色；叶柄长1~3cm。圆锥花序近直立，由侧芽抽生，宽塔形至狭塔形，或近圆柱形；花序轴疏生皮孔；花芳香；花冠紫色或淡紫色，直径约1cm；花药黄色，位于距花冠管喉部1~2mm，稍伸出。果倒卵状椭圆形、卵形至长椭圆形，先端渐尖或骤凸，光滑。花期4~5月，果期6~7月。品种很多，我国栽培引种有白欧洲丁香（var. *alba*）、天蓝欧洲丁香（var. *coerulea*）、重瓣欧洲丁香（var. *plena*）、紫花欧洲丁香（var. *pururea*）、堇紫欧洲丁香（var. *violacea*）。另有栽培品种佛手丁香（cv. Albo-plena）。

适应地区

华北各省区普遍栽培，东北、西北地区以及江苏各地也有栽培。

生物特性

喜全光，耐轻度遮阴。喜温暖，稍耐寒，在18~28℃的温度范围内生长良好，可耐-10℃的低温。适合排水良好的富含腐殖质的沙壤土，宜保持土壤微潮偏干的状态。

欧洲丁香花序

繁殖栽培

以扦插法繁殖为主，多在2~3月进行。也可采用播种、分株等方法进行育苗。生长旺盛阶段应保证水分的供应。对肥料的需求量较大，除在定植时施用基肥外，生长旺盛阶段可以每隔2~3周追肥一次。

景观特征

枝干扶疏，叶片青翠，花序硕大，花色淡雅，春末夏初之时，紫色的小花此落彼开，姿态秀丽。

＊园林造景功能相近的植物＊

中文名	学名	形态特征	园林应用	适应地区
北京丁香	*Syringa pekinensis*	叶纸质，叶脉在叶面平。花冠白色。果端锐尖至长渐尖	同欧洲丁香	北方地区
暴马丁香	*S. reticulata* var. *mandshurica*	叶厚纸质，叶脉在叶面明显凹入。花冠白色。果端常钝，或锐尖、凸尖	同欧洲丁香	东北、华北地区

暴马丁香果枝

园林应用

可孤植、丛植或在路边、草坪、角隅、林缘成片栽植，也可与其他乔灌木（尤其是常绿树种）配植。

暴马丁香景观

重瓣欧洲丁香

堇紫欧洲丁香

白欧洲丁香

欧洲丁香景观

第三章

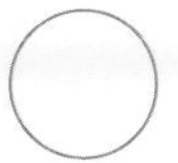

乔木类芳香植物造景

造景功能

乔木类芳香植物在造景中具有散发芳香气息的功能，常用于行道树和庭阴树。散发芳香气息较强的种类能形成大面积芳香区，如作为公路行道树，能使公路成为芳香之路，驾驶员精神振奋，安全系数也会有所提高。在小区周边大面积种植乔木类芳香植物，不仅绿化、美化了环境，同时还具有香化和驱蚊功能，进一步提高了环境质量。

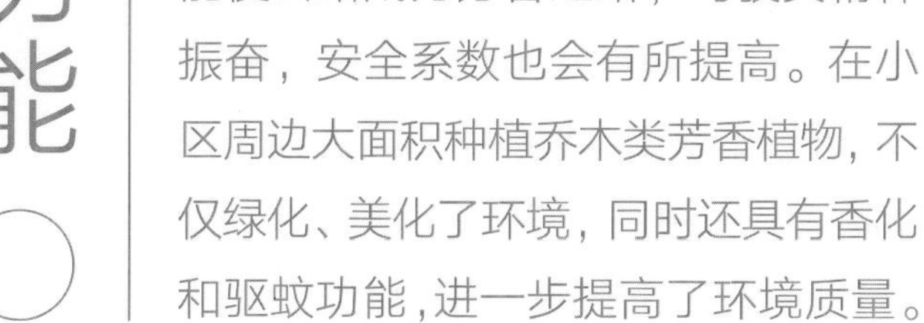

山玉兰

别名：优昙花、山波萝、佛家花、云南玉兰
科属名：木兰科木兰属
学名：*Magnolia delavayi*

形态特征

常绿乔木，高达 12m，胸径 80cm。树皮灰色或灰黑色，粗糙而开裂；嫩枝榄绿色，被淡黄褐色平伏柔毛，老枝粗壮，具圆点状皮孔。叶厚革质，卵形，卵状长圆形，先端圆钝，基部宽圆，有时微心形，边缘波状，叶背密被交织长茸毛及白粉；叶柄初密被柔毛；托叶痕几达叶柄全长。花梗长圆形，向外反卷，内两轮乳白色，倒卵状匙形；雄蕊约 210 枚，雌蕊群卵圆形。聚合果卵状长圆体形，狭椭圆体形。花期 4~6 月，果期 8~10 月。品种有红花山玉兰（cv. Diva），花瓣外面中上部红色或粉红色。

山玉兰株形

山玉兰枝叶特写

适应地区

分布于四川西南部、贵州西南部和云南。喜生于海拔 1500~2800m 的石灰岩山地阔叶林中或沟边较潮湿的坡地。

生物特性

喜温暖、湿润的环境，幼苗喜阴，成株喜光，但也较耐阴。喜深厚、肥沃、排水良好的微酸性土壤。

繁殖栽培

主要采用播种和压条繁殖。节间易发不定根，可在生长季节选健壮枝条压入土中。也可进行高空压条，夏季即能生根，翌年春季可与母株分离，另植成新株。喜肥，若施肥不足则生长缓慢，可根据不同用途进行栽植。若公园草坪需要大型树冠，除定植前施足底肥外，生长期应追施 1~2 次，促进植株迅速生长。如做低矮花灌木应用，应在 1m 左右截顶。栽培过程中容易出现主干歪斜及多头现象，应及时插杆扶直，剪去多余枝干，以保持树姿完美。

景观特征

树姿雄伟壮丽，枝繁叶茂，叶大阴浓，婆娑多姿。6~7 月份，在绿叶丛中开出碗口大的乳白色花朵，9 枚花被片平展，中间直立着圆柱状的聚合果，花大如荷，芳香馥郁。

园林应用

为亚热带栽培的珍贵树种，适应范围广，耐粗放管理，树龄可达千年。把它单植于草坪、庭院、建筑物入口处、林阴大道两旁，均可收到很好的布景效果。

山玉兰花特写

山玉兰景观

山玉兰景观

山玉兰景观

鹅掌楸

别名：马褂木
科属名：木兰科鹅掌楸属
学名：*Liriodendron chinensis*

形态特征

落叶大乔木，高达 40m，胸径 1m 以上。小枝灰色或灰褐色。叶马褂状，近基部每边具 1 片侧裂片，先端具 2 浅裂，下面苍白色。花杯状，花被片 9 片，外轮 3 片绿色，萼片状，向外弯垂，内两轮 6 片，直立，花瓣状，倒卵形，绿色，具黄色纵条纹；花期时雌蕊群超出花被之上，心皮黄绿色。具翅的小坚果顶端钝尖，具种子 1~2 颗。花期 5 月，果期 9~10 月。该属仅 2 种，为古老的孑遗植物，另一种为北美鹅掌楸（L. *tulipifera*），原产于北美东南部，因花形杯状，又被称为“郁金香花”，现已在中国广泛栽培。二者经人工杂交育成的杂交鹅掌楸，杂种优势非常明显，生长迅速，抗性强。

鹅掌楸景观

适应地区

产于我国四川、云南及长江以南各省区。多生于海拔 900~1000m 的山地林中，与其他树种混交，极少成林。

生物特性

喜光，喜湿，要求肥沃、深厚及排水好的土壤。有一定的耐寒力，北京选避风小环境栽培，仅幼龄期越冬需稍加保护。

繁殖栽培

播种繁殖，但因自然授粉不良，种子多为瘪粒，应进行人工辅助授粉。也可进行高空压条和嫩枝扦插。本种移植较难，必须带好土球，并掌握在萌动初期进行。大树移栽必须分年进行，逐步实施，先切根，后移栽，否则即使移栽成活，恢复也比较困难，长期生长不良。氮肥对鹅掌楸极为重要，缺氮则生长迟缓。因此，除在移栽时施足基肥外，还需每年在生长期增施氮肥。萌枝力强，极耐修剪，但我国栽培的多是不作任何修剪的自然形。而在日本，无论是做行道树还是庭阴树，每年冬季都进行整形修剪，既能使其生长强健，又能造型，提高观赏价值。

景观特征

树干通直，高大挺拔，树冠伞形，叶形奇特古朴，秋季叶色金黄，似一个个黄马褂，为世界最珍贵的树种之一。

园林应用

做行道树、庭阴树或于草地孤植，建筑物前列植也很适宜。

鹅掌楸花特写

鹅掌楸景观

鹅掌楸景观

鹅掌楸茎干特写

鹅掌楸果特写

鹅掌楸枝叶、小芽、苞片

杂交鹅掌楸枝叶

*** 园林造景功能相近的植物 ***

中文名	学名	形态特征	园林应用	适应地区
北美鹅掌楸	*Liriodendron tulipifera*	大乔木。叶鹅掌形，两侧有 1~3 个浅裂，先端近截形或浅凹形	同鹅掌楸	同鹅掌楸

荷花玉兰

别名：广玉兰、洋玉兰
科属名：木兰科木兰属
学名：*Magnolia grandiflora*

形态特征

常绿乔木，在原产地高达30m。树皮淡褐色或灰色，薄鳞片状开裂；小枝粗壮；小枝、芽、叶下面、叶柄均密被褐色或灰褐色短茸毛（幼树的叶下面无毛）。叶厚革质，椭圆形、长圆状椭圆形或倒卵状椭圆形，先端钝或短钝尖，基部楔形，叶面深绿色，有光泽，侧脉每边8~10条；叶柄无托叶痕，具深沟。花白色，有芳香；花被片9~12片，厚肉质，倒卵形；雄蕊长约2cm，花丝扁平，紫色。聚合果圆状长圆形或卵圆形，密被褐色或淡灰黄色茸毛。种子近卵圆形或卵形。花期5~6月，果期9~10月。本种广泛栽培，具有超过150个栽培品系。常见的变种有细叶广玉兰（cv. Xiaoye）、卵叶广玉兰（var. *obouata*）等。

荷花玉兰景观

适应地区

我国长江流域以南各城巿有栽培。兰州及北京公园也有栽培。

生物特性

喜温暖、湿润气候。喜阳光，但幼树颇耐阴，不耐强光或西晒，否则易引起树干灼伤。不耐旱，也怕水涝。要求深厚、肥沃、排水良好的酸性土壤。在淮河以南地区可露地越冬，能耐短时间-5℃的低温。

繁殖栽培

南方地区用播种、压条和嫁接均可繁殖。种子富含油脂，不能贮藏过夏，通常随采随播。一年生苗盆栽后当年可长到1.5m。采用高枝压条法，压条苗上盆后，可自土面以上10cm处进行短剪，保留顶部一个侧芽，促其萌发后形成新的树冠，匀称而丰满。嫁接可于早春新芽刚萌动时用木兰做砧木，切接法操作。病虫害少，生长速度中等，3年以后生长逐渐加快，每年可生长0.5m以上。喜肥，修剪注意造型，保护顶枝及下枝，移植带泥球并剪去部分枝叶。

景观特征

树冠端正雄伟，枝叶繁茂，叶厚而有光泽，花大而香，为珍贵的树种之一。其聚合果成熟后，开裂露出鲜红色的种子也颇美观。

园林应用

花大且香，可孤植、对植、群植配置，也可做行道树。最宜单植在宽广开阔的草坪上或配植成观花的树丛。由于其树冠大，花开于枝顶，故在配置上不宜植于狭小的庭院内，否则不能充分发挥其观赏效果。叶有一定的抗火能力，对二氧化硫、氯气和汞蒸气都有很强的抵抗力，并能吸附粉尘，是很好的城市抗污染、环保树种。

荷花玉兰
花特写

荷花玉兰果特写

荷花玉兰景观

荷花玉兰景观

二乔木兰

别名：朱砂玉兰、紫砂玉兰
科属名：木兰科木兰属
学名：*Magnolia soulangeana*

形态特征

小乔木，高 6~10m。小枝无毛。叶纸质，倒卵形，先端短急尖，2/3 以下渐狭成楔形，上面基部中脉常残留有毛，下面多少被柔毛，侧脉每边 7~9 条，干时两面网脉凸起，叶柄长 1~1.5cm，被柔毛，托叶痕约为叶柄长的 1/3。花蕾卵圆形，花先于叶开放，浅红色至深红色，花被片 6~9 片，外轮 3 片花被片常较短，约为内轮长的 2/3；雄蕊长 1~1.2cm，花药长约 6mm，侧向开裂，花隔伸出成短尖，雌蕊群无毛，圆柱形，长约 1.5cm。聚合果卵圆形或倒卵圆形，熟时黑色，具白色皮孔。种子深褐色，宽倒卵圆形或倒卵圆形，侧扁。花期 2~3 月，果期 9~10 月。根据花色与形态的不同，全世界已有 200 多个园艺栽培种，我国有 20 多个园艺栽培种。常见有红元宝二乔玉兰（cv. Hong yuan bao）等。

适应地区

我国华北、华中地区及江苏、陕西、四川、云南等地均有栽培。

二乔木兰景观

生物特性

阳性树，稍耐阴，喜空气湿润，耐寒性较强，对温度敏感。最宜在酸性、肥沃而排水良好的土壤中生长，微碱性土也能生长。

繁殖栽培

嫁接繁殖为主，也可用压条、扦插繁殖。优良品种多嫁接繁殖，砧木可用紫玉兰或白玉兰。不耐修剪，移植难。喜肥，肉质根不耐积水。

景观特征

花大色艳，开花时节，紫白相间的花蕾掩映在繁茂的乔木之间，高洁雅致，馨香满园，流露出一种内蕴的均衡之美。

园林应用

广泛应用于公园、绿地和庭院之中，孤植、列植观赏均可。树皮、叶、花均可提取芳香浸膏。

二乔木兰景观

二乔木兰花、叶特写

二乔雄蕊、雌蕊特写

二乔木兰果枝

二乔木兰景观

二乔木兰景观

白兰

别名：白玉兰、白兰花、缅桂、黄葛兰
科属名：木兰科含笑属
学名：*Michelia alba*

形态特征

常绿乔木，高达17m，胸径30cm。树皮灰色；枝广展，呈阔伞形树冠；揉枝叶，有芳香；嫩枝及芽密被淡黄白色微柔毛，老时毛渐脱落。叶薄革质，长椭圆形或披针状椭圆形，长10~27cm，宽4~9.5cm，先端长渐尖或尾状渐尖，基部楔形，上面无毛，下面疏生微柔毛，干时两面网脉均很明显；叶柄疏被微柔毛；托叶痕几达叶柄中部。花白色，极香；花被片10片，披针形；雄蕊的药隔伸出长尖头；雌蕊群被微柔毛，雌蕊群柄长约4mm；心皮多数，通常部分不发育，成熟时随着花托的延伸，形成疏生的聚合果。熟时鲜红色。花期4~5月，夏季盛开，通常不结实。

适应地区

我国福建、广东、广西、云南等省区栽培极盛，长江流域各省区多盆栽，在温室越冬。

生物特性

喜阳光充足、温暖、湿润和通风良好的环境，不耐阴，也不耐酷热。不耐寒，冬季温度不低于5℃。喜富含腐殖质、疏松、肥沃的微酸性沙质土，尤忌涝。长江流域以北地区多盆栽，10~11月移入温室，谷雨时节移出室外。

繁殖栽培

花多不结实，扦插不易生根，通常用高枝压条和嫁接繁殖。高枝压条于6月中旬进行，选二年生健壮枝条。嫁接在5~8月间进行，用木兰或黄兰的二三年实生苗做砧木。因根系肉质，怕积水，也不耐旱，碱性土上生长不良。一般不宜进行强剪，可在每年春季新芽未萌动前剪去弱枝、枯枝、病枝。

白兰景观

白兰景观，观其黄绿叶色与马尾松色彩的对比

景观特征

株形直立，树姿优美，叶片青翠碧绿，花朵洁白，终年郁郁葱葱，夏季开花时节香如幽兰，别具南国风情。

园林应用

为著名的观赏树种和传统的香花之一，华南地区多用做行道树、风景树。北方可盆栽，布置厅堂。花朵可做胸花、头饰。花常用来熏制花茶，提取香精，也可提制浸膏供药用，树叶还可提取精油。

白兰花特写

白兰景观

白兰景观

＊园林造景功能相近的植物＊

中文名	学名	形态特征	园林应用	适应地区
黄兰	*Michelia champaca*	叶柄上的托叶痕较长，几乎占 2/3。花色黄色或淡黄，香气也淡	同白兰	产于喜马拉雅山及我国云南南部、西南部温暖地区

白兰景观

黄兰花特写

黄兰果枝

黄兰景观

紫玉兰

别名：辛夷、玉堂春、木笔
科属名：木兰科木兰属
学名：*Magnolia liliflora*

紫玉兰花特写

形态特征

落叶灌木，高达 3m。常丛生，树皮灰褐色；小枝绿紫色或淡褐紫色。叶椭圆状倒卵形或倒卵形，先端急尖或渐尖，基部渐狭，上面深绿色，下面灰绿色。花蕾卵圆形，被淡黄色绢毛；花、叶同时开放，瓶形，稍有香气。聚合果深紫褐色，变褐色，圆柱形；成熟蓇葖圆柱形，顶端具短喙。花期 3~4 月，果期 8~9 月。

适应地区

产于福建、湖北、四川和云南西北部。生于海拔 300~1600m 的山坡林缘。本种与玉兰同为我国两千多年的传统花卉，我国各大城市都有栽培，并已引种至欧美各国。

生物特性

喜温暖、湿润和阳光充足的环境，阳光充足则生长健壮、繁茂。较耐寒，北京及其以南地区都可露地越冬，华北地区栽培需选向阳避风处，幼苗越冬要加以保护。不耐旱和盐碱，怕水淹，要求肥沃、排水好的沙壤土。

紫玉兰花期景观

紫玉兰营养期景观

繁殖栽培

常用分株、压条和播种繁殖。分株在春、秋季均可进行，挖出枝条茂密的母株分别栽植，并修剪根系和短截枝条。压条选用 1~2 年生的枝条，在早春可用堆土法或埋条法繁殖。播种于 9 月采种，冬季沙藏，翌年春播，播后 20~30 天发芽。花期前后各施肥一次，以磷钾肥为主。

景观特征

为著名的早春观赏花木，满树紫红色花朵开于枝头，花姿婀娜，似粉妆玉琢，别具风情。

园林应用

适用于古典园林中厅前院后配植，也可孤植或散植于小庭院内。花色艳丽，享誉中外。树皮、叶、花蕾均可入药；花蕾晒干后称辛夷，气香、味辛辣，含挥发油，主治鼻炎、头痛，做镇痛消炎剂，为我国两千多年的传统中药。

乐昌含笑

别名：广东含笑、景烈白兰、景烈含笑
科属名：木兰科含笑属
学名：*Michelia chapensis*

乐昌含笑花特写

形态特征

乔木，高15~30m。树皮灰色至深褐色。叶薄革质，倒卵形，狭倒卵形或长圆状倒卵形，上面深绿色，有光泽。花淡黄色，芳香。种子红色。花期3~4月，果期8~9月。

乐昌含笑枝叶特写

适应地区

产于江西南部、湖南西部及南部、广东西部及北部、广西东北部及东南部。生于海拔500~1500m的山地林间。

生物特性

喜温暖、湿润的气候，生长适温为15~32℃，能抗41℃的高温，也能耐寒，1~2年生小苗在-7℃低温下有轻微冻害。喜光，但苗期喜偏阴。喜深厚、疏松、肥沃、排水良好的酸性至微碱性土壤。

乐昌含笑景观

繁殖栽培

播种繁殖，随采随播或于翌年2月进行。一年生苗平均高达0.8~1m时，即可出圃。萌芽性强，可萌芽更新。播种2年生苗移栽，成活率可达95%以上。生长期应追肥以满足苗木旺盛生长的需要。

景观特征

树干通直挺拔，树形优美，枝叶翠绿，四季郁郁葱葱，既具宝塔形树冠，又因小枝细软、叶面微波状，给人一种婀娜多姿之美。金秋，10~20cm长的果序挂满枝头，果皮开裂，露出鲜红的种子似粒粒红豆悬垂在绿叶丛中。

园林应用

树阴浓郁，花香醉人，可孤植、丛植，作为园林绿化的基调树种，也可做行道树。

*** 园林造景功能相近的植物 ***

中文名	学名	形态特征	园林应用	适应地区
亮叶含笑	*Michelia fulgens*	乔木，高25m。叶狭卵形或狭椭圆状卵形，长10~25cm，宽3.5~6cm	同乐昌含笑	亚洲东南部

潺槁树

别名：潺槁木姜子、胶樟、油槁树、青野槁
科属名：樟科木姜子属
学名：*Litsea glutinosa*

潺槁树花枝

形态特征

常绿小乔木或乔木，高3~15m。树皮灰色或灰褐色，内皮有黏质；小枝灰褐色，幼时有灰黄色茸毛。叶互生，倒卵形、倒卵状长圆形或椭圆状披针形，基部楔形，钝或近圆，革质。伞形花序生于小枝上部叶腋，花序梗长1~1.5cm，均被灰黄色茸毛；苞片4片；能育雄蕊通常15枚，或更多，花丝长，有灰色柔毛，腺体有长柄，柄有毛；退化雌蕊椭圆，无毛，花柱粗大，柱头漏斗状。果球形，先端略膨大。花期5~6月，果期9~10月。

潺槁树株形

适应地区

产于广东、广西、福建及云南南部，生于海拔500~1900m的山地林缘、溪旁、疏林或灌丛中。

生物特性

为华南地区红树种。适应性广泛，为热带、亚热带地区分布植物。喜温暖，耐寒能力弱。喜光照，也耐半阴，幼年植株耐阴能力特别强。对土质要求不高，适应各种土壤，耐贫瘠。

潺槁树景观

繁殖栽培

通常采用播种繁殖，果实成熟后随采随播。扦插繁殖在春季进行为宜。为华南地区乡土树种，生性强健，抗病虫害能力较强。不需要特别精细的养护管理。

景观特征

植株株形普通，但叶形多变，颜色油绿，生机勃勃，景观具有自然韵味，初夏开白色小花，花后结紫红色球形果实。

园林应用

可做行道树和庭院景观树，在园林中一般孤植或多株丛植，也常布置小景的边缘或做背景树，有营造自然景观的效果。

白玉兰

别名：玉兰、木兰、迎春花、应春花、望春花
科属名：木兰科木兰属
学名：*Magnolia denudata*

形态特征

落叶乔木，高达25m，胸径1m。枝广展形成宽阔的树冠；树皮深灰色，粗糙开裂；小枝稍粗壮，灰褐色。叶纸质倒卵形、宽倒卵形或倒卵状椭圆形，叶上深绿色，下面淡绿色，侧脉每边8~10条，网脉明显；叶柄被柔毛，上面具狭纵沟；托叶痕为叶柄长的1/4~1/3。花蕾卵圆形，花先于叶开放，直立，芳香；花梗显著膨大，密被淡黄色长绢毛；花被片9片，白色，基部常带粉红色，长圆状倒卵形。聚合果圆柱形，厚木质，褐色，具白色皮孔。种子心形，侧扁，外种皮红色，内种皮黑色。花期2~3月（也常于7~9月再开一次花），果期8~9月。变种有紫花玉兰（var. *purpurascens*）。

白玉兰花期

适应地区

产于江西、浙江、湖南、贵州，在海拔500~1000m的林中生长。现全国各大城市园林中广泛栽培。

生物特性

喜向阳，也能在半阴环境生长。肉质根，不耐积水，喜温暖、湿润而排水良好之地，要求土壤肥沃、富含有机质。可能有菌根伴生，移植需带原土。具一定抗寒性，能在-20℃条件下安全越冬，北京是地栽的最北极限，只能栽在背风向阳的小环境中，冬季还需保暖，防避严寒风干。对温度比较敏感，越向南开花越早，北京在5月开花，河南在4月开花，上海在3月开花，昆明在2月开花。

白玉兰株形

繁殖栽培

播种、扦插、压条、嫁接均可繁殖。播种主要为培养砧木。嫁接是繁殖的主要方法，在南方多用播种苗或紫玉兰、木兰等做砧木，于秋分进行切接，来年早春的新梢到秋后可长到60~100cm，2~3年后即可开花。较喜肥，但忌大肥，每年应施肥2次，一次在10~11月间开沟施入持效性有机肥料，一次在花

白玉兰果枝

谢后结合灌水施入液肥。枝干伤口愈合能力较差，一般不修剪，也应注意不得随便损伤，如修剪应在展叶初期进行。

景观特征

茎干挺拔，花朵硕大，洁白如玉，香似兰花，故名玉兰。花开时节宛若白云雪涛，蔚为奇观，是早春重要的观赏花木。

园林应用

本种为著名花木，各地寺庙、园林多有栽培，可植于堂前点缀庭院，或列植于路旁、大型建筑、纪念性场所周围，也是草地或常绿树丛中孤植或丛栽的好花木，是早春色、香俱备的观花树种。因其开花时无叶，在庭院栽植时最好用常绿针叶树做背景。花可食，种子可榨油，花蕾和树皮可入药。

白玉兰列植

白玉兰景观

梅花

别名：红梅、春梅
科属名：蔷薇科李属
学名：*Prunus mume*

形态特征

落叶小乔木。树冠呈圆形；干褐紫色，多纵皱褶，小枝呈绿色或以绿为底色。叶广卵形至卵形，先端长渐尖或尾尖，边缘具细锐锯齿；托叶脱落性。花多每节 1~2 朵，多无梗或具短梗，淡粉红或白色，芳香，多在早春先叶开放，花瓣 5 枚，常近圆形，萼片 5 枚，多呈绛紫色。核果近球形，黄色或绿黄色，密被短柔毛。果期 6 月。中国梅花现有 300 多个品种，按进化与关键性状分 3 系、5 类、16 型，即真梅系，分 3 类——直枝类（有 7 型）、垂枝类（有 3 型）和龙游类（有 1 型）；杏梅系，仅 1 类，即杏梅类；樱李梅系，仅有美人梅 1 类 1 型 1 品种。

梅花盛开的样子

适应地区

原产于我国西南地区，沿秦岭往南至南岭各地都有分布。野梅以西南山区尤其是滇、川两省为分布中心，分布的次中心在鄂南、赣北、皖南、浙西的山区一线，此外在广西东北部和广东韶关、福建、中国台湾等地山区也有野梅分布。梅花的栽培分布，露地栽植区主要在长江流域的一些城市及其郊区，向南延至珠江流域，向北达到黄淮一带，而以北京为最北界。

梅花景观

生物特性

阳性树种，最宜阳光充足、通风良好，但忌在风口栽培。喜温暖气候，较耐寒。开花对温度很敏感，一般早春平均气温达 6~7℃时开花，乍暖之后尤易提前开放。喜空气温度较高，但花期忌暴雨，要求排水良好，涝渍会造成落叶或根腐致死。对土壤要求不严，耐瘠薄，以黏壤土或壤土为佳。

繁殖栽培

最常用嫁接繁殖，多在 8~9 月进行芽接，南方多用梅和桃做砧木，北方常用杏、山杏或山桃。也可采用播种、扦插、压条等繁殖方法。露地园林栽培要选择温暖、湿润、阳光充足、通风良好的环境。栽前施基肥，栽后要浇透水，加强管理。梅树整形以自然开心形为宜。修剪一般宜轻度，以疏剪为主，短截为辅，1 年一般应施 3 次肥，即秋、冬季施基肥，含苞前施速效性肥，新梢停止生长后适当控制水分，施过磷酸钙等速效性花芽肥，以促进花芽分化。

梅花花枝特写

梅花景观

绿萼梅景观

景观特征

梅花苍劲古雅，疏枝横斜，花先于叶开放，傲霜斗雪，色、香、态俱佳，是我国名贵的传统花木。

园林应用

孤植、丛植于庭院、绿地、山坡、岩间、池边以及建筑物周围，无不相宜，成片群植犹如香雪海，景观更佳。如与苍松、翠竹、怪石搭配，则诗情画意之感跃然而出。花桩做成树桩盆景，虬枝屈曲，古朴典雅。

柚子

别名：橙子、李、抛、气柑、文旦、柚
科属名：芸香科柑橘属
学名：*Citrus grandis*

形态特征

常绿小乔木，高5~10m。小枝具刺。叶宽卵形至椭圆状卵形，缘具钝锯齿；叶柄具倒心形宽翅。花两性；总状花序生于叶腋；小花白色，具芳香；雄蕊多数；子房上位。柑果球形或梨形；果皮平滑，淡黄色。花期 5~7 月，果期 9~11 月。中国柚按大的品种群可分为沙田柚、文旦柚和杂种柚（种间）。沙田柚品种群包括现有栽培沙田柚及其衍生品种、品系、类型。文旦柚品种群包括典型的文旦柚类及普通柚类，该类群群体最大。种间杂种柚群包括橘柚、夔柚、香圆（宜昌柠檬）、常山胡柚、苏柑、武夷橙、秀山橙柑、温岭高橙、都安大沙柑等。

柚子花枝特写

农家小院柚子景观

适应地区

我国长江以南各省区广泛栽培。

生物特性

喜日照充足的环境，喜温暖，不耐寒，在20~28℃的温度范围内生长良好。喜湿润的土壤环境，不耐旱。

柚子景观

繁殖栽培

嫁接繁殖为主，多在每年3~6月进行。通常采用芽接法，用实生的酸柚苗做砧木，砧木通常要在 9~10 月播种。可根据植株的生长状况将过密的果实适当摘去。整形时注意主干应该有 50~60cm 高。每株保留 3~4 个长势强、空间位置好的枝条作为主枝。在冬季采果后至春季萌芽前进行修剪。

景观特征

热带果树，枝叶浓密，黄灿灿的果实巨大如气球，垂挂而下，视觉效果颇佳。

园林应用

庭院、校园、公园、风景区均可单植、群植，为良好的行道树、景观树、水果树。

柚子果和果枝

柚子景观

柚子景观

＊园林造景功能相近的植物＊

中文名	学名	形态特征	园林应用	适应地区
代代果	*Citrus aurantium* var. *amara*	叶边缘波状。花白色。柑果扁圆形，金黄色	适于庭院栽植，又可盆栽观赏	中国东南部地区
珠砂橘	*C. erythrosa*	叶椭圆形，两端尖。果扁圆形或圆形，高3.5~3.8cm，宽4.5cm，顶端稍凹入；果皮粗糙，朱红色	同代代果	中国东南部地区
四季橘	*C. japonica*	叶缘有波浪状钝齿，翼叶狭小。果圆形或扁圆形，有小凹点，橙黄色	同代代果	中国南部地区
柠檬	*C. limon*	叶缘具疏浅齿。花冠外侧紫色，内侧白色。柑果橙黄色，顶端有乳状凸起	常绿灌木或小乔木。南方可地栽，北方须盆栽	亚洲热带地区
香橼（佛手）	*C. medica* var. *sarcodactylis*	花有单性花，细而小，不结果；两性花短而粗，结果。柑果橙黄色，上部分裂成指状或顶端微分裂	常绿灌木或小乔木。南方可地栽，北方须盆栽	亚洲热带地区

阴香

别名：梓樟、天竺桂、竺香、山肉桂、土肉桂、山桂皮
科属名：樟科樟属
学名：*Cinnamomum burmannii*

形态特征

乔木，高达 14m。树皮光滑，灰褐色至黑褐色，内皮红色；枝条纤细，绿色或褐绿色，具纵向细条纹，无毛。叶互生或近对生，卵圆形、长圆形至披针形，先端短渐尖，基部宽楔形，革质，上面绿色，光亮，下面粉绿色，晦暗，两面无毛，具离基 3 出脉，中脉及侧脉在上面明显，下面凸起。圆锥花序腋生或近顶生，比叶短，少花，疏散，密被灰白微柔毛，最末分枝为 3 朵花的聚伞花序；花绿白色，花被内外两面密被灰白微柔毛，子房近球状，柱头盘状。花期主要为秋、冬季，果期主要为冬末及春季。

阴香景观

适应地区

产于广东、广西、云南及福建。生于海拔 100~1400m 的疏林、密林或灌丛中，或溪边路旁等处。

生物特性

喜阳光，全日照或半日照都能适应。喜温暖至高温、湿润气候，适应性强，耐寒，抗风和抗大气污染，常生于肥沃、疏松、湿润而不积水的地方。自播力强，母株附近常有天然苗生长。

阴香花期景观局部

阴香景观

阴香花序特写

阴香景观

繁殖栽培

播种繁殖。育苗地宜选择在半阴半阳、地势平坦的环境，以排水良好的砂质壤土或轻壤土为好，在 3 月上旬至中旬做床撒播，发芽后约 50 天幼苗高 4~5cm 时进行间苗，保持合理密度。幼苗期要适当遮阴，保持苗床湿润。苗高达 30~50cm 时可出圃定植。移植须带土球，大苗须适当修枝或截干，以春季为宜，株距为 6~8m。

景观特征

树冠伞形或近圆球形，枝叶稠密，叶色终年亮泽。分枝低，树姿优美整齐，树皮有肉桂香味。

园林应用

有较好的隔音作用，宜做庭院风景树和行道树，对氯气和二氧化硫均有较强的抗性，为理想的防污绿化树种。它还是重要的经济植物肉桂的砧木。

阴香株形

阴香景观

樟树

别名：香樟、芳樟、油樟、樟木、乌樟、瑶入柴、栳樟、臭樟、小叶樟
科属名：樟科樟属
学名：*Cinnamomum camphora*

形态特征

常绿大乔木，高可达 30m，直径可达 3m。树冠广卵形，全株具樟脑气味；树皮黄褐色，有不规则的纵裂；枝条圆柱形，淡褐色，无毛。叶互生，卵状椭圆形，全缘，有时呈微波状，具离基 3 出脉，侧脉及支脉脉腋上面明显隆起，下面有明显腺窝，窝内常被柔毛；叶柄纤细，腹凹背凸，无毛。圆锥花序腋生，具梗；花绿白或带黄色，长约 3mm；花梗无毛；花被筒倒锥形，花被裂片椭圆形。果卵球形或近球形，直径6~8mm，紫黑色。花期 4~5 月，果期 8~11 月。

樟树树干

适应地区

产于南方及西南各省区。

古老樟树遒劲的枝干

生物特性

喜光，稍耐半阴。喜温暖、湿润气候，在-8℃低温下持续5小时后开始受害。不耐干旱、瘠

樟树景观

樟树枝叶特写

薄，能生于黏壤中，但忌积水。为深根长寿树，干部损伤后有萌蘖更新能力。对烟尘有一定的适应力。

繁殖栽培

播种繁殖，嫩枝扦插或根蘖分栽也可，育苗期宜进行两次以上移植，以便切断主根而促进侧根、支根生长。大苗移植时要注意带好土坨，芽展开后停止。定植初期如遇干旱，应及时浇水。幼年耐阴，壮年喜强光。既怕旱，更怕湿，注意避免长期积水。

景观特征

树形雄伟壮观，主干高大，冠大阴浓，四季常青，枝叶秀丽而具香气。

园林应用

既是珍贵的用材和经济树种，也是我国非常重要的园林绿化树种，适合做行道树、庭阴树、风景林或孤植、配植于草地上。同时，因其具挥发性香气，夏季可以避臭驱虫，还可防止和滞留烟尘。木材及枝叶均可提取樟脑及樟油，是药用及出口物资。

樟树景观

樟树景观

樟树景观

樟树景观

樟树景观

樟树景观

樟树景观

＊园林造景功能相近的植物＊

中文名	学名	形态特征	园林应用	适应地区
肉桂	*Cinnamomum cassia*	全株有浓烈的肉桂香气。叶下面横脉不明显，叶片长圆形至近披针形，先端稍急尖，基部急尖，中脉和侧脉在上面凹陷，叶下面和花序有黄色短茸毛。花序与叶等长	同樟树	我国广东、广西、福建、台湾、云南等地的热带、亚热带地区广为栽培，尤以广西栽培为多
云南樟	*C. glanduliferum*	叶下面侧脉脉腋腺窝只有 1 个窝穴，上面相应处有明显呈泡状的隆起。圆锥花序无毛，较少花，短小	同樟树	产于云南中部至北部、四川南部及西南部、贵州南部、西藏东南部
天竺桂	*C. japonicum*	叶侧脉脉腋下面无腺窝，上面无明显泡状隆起。圆锥花序无毛	同樟树	产于江苏、浙江、安徽、江西、福建及我国台湾
黄樟	*C. porrectu*	叶下面侧脉脉腋腺窝不明显。圆锥花序无毛，较少花，短小	同樟树	产于广东、广西、福建、江西、湖南、贵州、云南等省区
大叶樟类	*C.* spp.	叶离基 3 出脉或 3 出脉，也有羽状脉。圆锥花序，花被筒短，杯状或钟状，花被裂片 6 片	同樟树	我国约有 46 种和 1 变型，主要产于南方各省区，北达陕西及甘肃南部
月桂	*Laurus nobilis*	单叶互生，硬革质，披针形至长圆状披针形，边缘波状并具不整齐锯齿，表面深绿，羽状脉。雌雄异株，伞形花序紧密腋生，小而不显，黄色。最适合于居住区栽植，可做高篱分隔空间，还可修剪成球形	同樟树	我国长江流域有栽培
香叶树	*Lindera communis*	叶互生，全缘，边缘内卷；羽状脉，网脉成小凹点。伞形花序	同樟树	华中、华南、西南地区

白千层

别名：脱皮树、纸皮树、瓶刷子树
科属名：桃金娘科白千层属
学名：*Melaleuca leucadendra*

白千层花序特写

形态特征

乔木，高约20m。树皮灰白色，厚而松软，呈薄层状剥落；嫩枝灰白色。叶互生，叶片革质，披针形或狭长圆形，两端尖，基出脉3~7条，多油腺点，香气浓郁；叶柄极短。花白色，密集于枝顶成穗状花序，花序轴常有短毛；萼管卵形，有毛或无毛，萼齿5个，圆形；花瓣5枚，卵形；雄蕊常5~8枚成束；花柱线形，比雄蕊略长。蒴果近球形。花期每年多次。

白千层景观

适应地区

我国广东、台湾、福建、广西等地均有栽种。

生物特性

热带树种，日照须充足，喜高温、多湿，生长适温为22~30℃，不耐寒。稍耐干旱，栽培土质以富含有机质的砂质壤土最佳。

繁殖栽培

播种繁殖。春季播种，因种子细小，应先播于砂床，播后覆薄草，待苗高10~20cm再行移植，翌春可达2m。定植后幼木时期干细，根系不坚固，必须架支柱，长大后则树势强健，可粗放管理。栽培土质以表土深厚、地势高燥而排水良好、全日照或半日照的地方为佳。中苗、大苗（2m以上）移植时需带土球方能成活。冬季可整姿，剪去主干之侧枝。

白千层景观

景观特征

树皮白色，树冠椭圆形，树姿豪放壮硕。叶色灰绿浓密，并具芳香，开乳白色花，花序形似瓶刷。

园林应用

为优良的行道树、园景树、防风树。庭院、公园、校园均可列植、群植美化，尤适于海滨地区或耕地防风利用。

香冠柏

别名：金冠柏
科属名：柏科圆柏属
学名：*Cupressus macroglossus* cv. Goldcrest

香冠柏枝叶特写

形态特征

常绿灌木或小乔木，高可达 2m。树冠呈窄圆锥形，主干细直；树皮红褐色，分枝性强；新芽呈金黄色。针状叶对生，鳞片状而有细齿，具有 2 条白色气孔带。雌雄同株，雄花小，长椭圆形或卵形，黄色；雌花多接近球形。它是柏科彩色观赏针叶乔木的一个栽培品种。

适应地区

适宜种植在黄河以南地区。

生物特性

年高生长量约 1m，属较速生的针叶树种。耐高温，喜冷凉，也需日照充足、排水良好。

繁殖栽培

只能扦插繁殖。生根慢，一般需要 3 个多月的时间。高温季节生长缓慢，早春初夏及晚秋初冬生长较快，会出现二次生长高峰。春、秋季应加强肥水管理。移栽时不宜太密，并要除尽杂草，让全冠见光，树冠才会完整美观。良好的排水，能有效遏制病害发生。

景观特征

主干细直，树冠呈窄圆锥形，枝叶紧密，树姿碧绿高雅。叶色季相变化特别丰富，全年呈三种颜色，冬季金黄色，春、秋两季浅黄色，夏季呈浅绿色。

园林应用

叶色随季节多变，耐修剪、可造型，园林中可广泛推广应用，如片植可修剪形成色块，单植可修剪成球形、圆柱形，群植、列植的景观更加有气势。它具长势快、散发香味的优良特性，是高速公路隔离带、街边、庭院极好的绿化、美化彩叶树种。

香冠柏景观

香冠柏室内布置景观

柠檬桉

别名：橙香斑干桉树、留香久、油桉树、油玉树
科属名：桃金娘科桉属
学名：*Eucalyptus citrus*

形态特征

常绿大乔木，高28m。树干挺直；树皮光滑，灰白色，大片状脱落。幼态叶披针形，有腺毛，基部圆形；成熟叶片狭披针形，稍弯曲，两面有黑腺点，揉之有浓厚的柠檬气味；过渡性叶阔披针形；叶柄长1.5~2cm。圆锥花序腋生；花梗长3~4mm，有2棱；花蕾长倒卵形。蒴果壶形，长1~1.2cm，宽8~10mm。花期4~9月。

柠檬桉叶特写

适应地区

我国广东、广西及福建南部有栽种，尤以广东最常见。能耐轻霜，在广东北部及福建生长良好。

柠檬桉花期景观局部

生物特性

喜阳光充足及微酸性土壤，较耐干旱、瘠薄。喜温暖，怕低温，在18~28℃的温度范围内生长较好，越冬温度不宜低于5℃，不耐0℃低温。

繁殖栽培

播种繁殖，多在每年春、夏二季进行。也可采用嫁接、组织培养等方法育苗。较耐旱，但生长旺盛阶段应保证水分供应。除定植时施用基肥外，生长旺盛阶段可每2~3周追肥一次。喜光，阴蔽之处难以正常生长。

景观特征

树干灰白挺拔，树冠苍翠浓阴，姿态优美，叶片芳香，四季常青。

园林应用

常孤植、群植于大型景观中，也可列植于行道。

柠檬桉景观

气叶桉枝叶特写

＊园林造景功能相近的植物＊

中文名	学名	形态特征	园林应用	适应地区
蓝桉	*Eucalyptus robusta*	叶灰绿或蓝绿	同柠檬桉	西南地区
尾叶桉	*E. urophylla*	叶绿色，披针形	同柠檬桉	华南地区
直干蓝桉	*E. maideni*	叶灰绿或蓝绿	同柠檬桉	西南地区

蓝桉景观

蓝桉景观

蓝桉枝叶、树干特写

直干蓝桉花期景观局部

直干蓝桉景观

直干蓝桉景观

糖胶木

别名：黑板树、灯架树、面盆架、面条树
科属名：夹竹桃科鸡骨常山属
学名：*Alstonia scholaris*

糖胶木花序特写

形态特征

乔木，高达20m。枝轮生，具乳汁，无毛。叶3~8片轮生，倒卵状长圆形、侧披针形或匙形，无毛，顶端圆形，钝或微凹，基部楔形。花白色，多朵组成稠密的聚伞花序，顶生，被柔毛；花冠高脚碟状，中部以上膨大，内面被柔毛，裂片在花蕾时或裂片基部向左覆盖，长圆形或卵状长圆形。种子长圆形，红棕色，两端被红棕色长缘毛。花期6~11月，果期10月至翌年4月。

适应地区

广西南部、西部和云南南部野生，生于海拔650m以下的低丘陵山地疏林中、路旁或水沟边。喜湿润、肥沃的土壤，在水边生长良好，为次生阔叶林的主要树种。广东、湖南和我国台湾有栽培。

糖胶木景观

糖胶木景观

生物特性

喜高温、高湿的环境，在有霜冻出现的地区不能露地越冬。对光照要求不严，喜阳光充足，也耐半阴。

繁殖栽培

播种或扦插繁殖。常于春末、秋初用当年生的枝条进行嫩枝扦插，或于早春用上年生的枝条进行老枝扦插。地栽的植株在春、夏两季可施2~4次肥水。冬季休眠时进行修剪。

景观特征

树干粗壮挺直，侧枝平展，树冠呈伞状椭圆形。树形美观，枝叶常绿，生长有层次，庇阴良好，果实细长如面条。

园林应用

对空气污染抵抗力强，是南方较好的行道树，适宜做风景树、背景树，也是点缀庭院的良好树种。

糖胶木景观

糖胶木景观

糖胶木景观

糖胶木景观

红千层

别名：刷毛桢
科属名：桃金娘科红千层属
学名：*Callistemon rigidus*

形态特征

小乔木。树皮坚硬，灰褐色；枝条上指，嫩枝有棱，初时有长丝毛，不久变无毛。叶坚革质，线形，先端尖锐，初时有丝毛，不久脱落，油腺点明显，干后凸起，中脉在两面均突起，侧脉明显，边脉位于边上，凸起；叶柄极短。穗状花序生于枝顶；萼管略被毛，萼齿半圆形，近膜质；花瓣绿色，卵形，有油腺点；雄蕊长 2.5cm，鲜红色，花药暗紫色，椭圆形；花柱比雄蕊稍长，先端绿色，其余红色。蒴果半球形，先端平截。种子条状。花期 6~8 月。

红千层株形

适应地区

我国广东、广西等地有栽种。

生物特性

热带树种，喜高温、高湿气候，不耐阴，要求向阳、避风及酸性土。

繁殖栽培

播种或扦插繁殖。种子发芽适温为6~18℃。扦插可于6~8月进行。不耐移植，生长缓慢，萌芽力强，耐修剪。北方只能盆栽于高温温室中，越冬温度不宜低于 7℃。花后宜将花枝剪去。

景观特征

树冠茂密，树姿优美，花序形状奇特似瓶刷，花色艳红，花期长。

园林应用

适宜种植在花坛中央、行道两侧和公园围篱及草坪处，北方可盆栽于夏季装饰建筑物阳面正门两侧。

*** 园林造景功能相近的植物 ***

中文名	学名	形态特征	园林应用	适应地区
串钱柳	*Callistemon viminalis*	小枝和花序下垂	同红千层	同红千层

串线柳花枝特写

串线柳果枝特写

串钱柳景观

串钱柳景观

荷木

别名：荷树、木荷、何树
科属名：山茶科木荷属
学名：*Schima wallichii*

形态特征

常绿大乔木，高可达30m。树皮褐色，纵裂，有凸出的板根。嫩枝通常无毛。单叶互生，卵状长椭圆形，长6~15cm，先端尾尖，基部楔形，缘具钝锯齿，厚革质。花单生或数朵生于枝顶叶腋，常排成总状花序，具长柄，白色或淡粉色，具芳香。蒴果近球形，木质。种子扁平，肾形，缘具翅。花期6~8月，果期9~11月。有红荷木、银荷木、竹叶荷木等品种。

荷木景观

适应地区

原产于中国浙江、福建、台湾、江西、湖南、广东、海南、广西、贵州。是华南地区及东南沿海各省常见的种类，生于海拔150~1500m的山谷、林地。

生物特性

喜温暖，较耐寒，生长适温为13~26℃，幼株稍耐阴，成形后喜强光，过度阴暗易死亡。肥沃的腐殖质土或砂质壤土为佳期，排水需良好。

荷木景观

荷木景

荷木花序

繁殖栽培

播种繁殖为主，多在每年春季2~3月进行，小苗经1~2年的培养方可定植。也可采用扦插法进行育苗。梅雨季节避免长期潮湿或排水不良，冬季浇水要减少次数。秋末至春季为生长旺盛期，宜每月追肥一次，可施有机肥或三要素。叶稍有干枯，原因可能是肥料不够，或者湿度不够。病虫害少。

景观特征

树干通直，枝干挺拔，树冠广圆形，叶茂常绿，花有芳香，可做行道树及营造风景林。叶片在低温环境下能够变红，具有很高的观赏价值。

荷木景观

园林应用

适应性强，材质优良，为珍贵用材树种，适合孤植、丛植于草坪或池塘旁、庭院中，也可用于插花制作。本种寿命很长，可达百年以上，因此能够成为庭院中的骨干植物。叶片厚革质，能耐火，故可种植做防火带树种。若与松树混植，能防止松毛虫发生。

荷木景观

刺槐

别名：槐树、洋槐、刺儿槐、德国板、胡藤
科属名：蝶形花科刺槐属
学名：*Robinia pseudoacacia*

形态特征

落叶乔木，最高达30m。树皮灰褐色至黑褐色，纵裂。小枝光滑，有托叶刺。羽状复叶长10~40cm；小叶2~12对，对生，椭圆形或卵形，先端圆，微凹，具小尖头，基部圆至阔楔形，全缘。蝶形花，总状花序腋生，下垂，花多数，芳香。荚果褐色，线状长圆形，扁平。种子扁肾形，黑色或褐色，有时具斑纹。花期4~6月，果期8~9月。在我国常见有两个变种：伞形洋槐（var. *umbraculifera*），在大连、青岛一带有栽植；塔形洋槐（var. *pyramidalis*），见于庭院栽培。红花刺槐（cv. Decaisneana）是园林中常见的品种。

刺槐花序特写

生物特性

喜光树种，不耐阴。喜温暖、湿润气候，不耐寒冷。对土壤适应性较强，在钙质土、酸性土、轻盐碱土中均能较好生长。

适应地区

我国于18世纪末从欧洲引入，青岛栽培，现全国各地广泛栽植。

繁殖栽培

以播种繁殖为主，多在2~3月进行。播种前最好将种子进行催芽，当年小苗即可高达1.5m。

刺槐古树树干

刺槐景观

红花刺槐花序特写

也可采用扦插、分株等方法育苗。对肥料的需求量不多，除在定植时施用基肥外，6~9月为生长旺盛阶段，可每隔3~4周追肥一次。不耐水湿，生长旺盛阶段应保持水分的供应。对于植株基部生长出的萌蘖要及时剪去，以保证养分集中供给主干。

景观特征

植株伟岸挺拔，很有气势，庭院孤植、列植效果皆佳。花开时节，花朵繁多，淡淡花香飘然而至，给人以心旷神怡之感。

园林应用

多做地栽，是常用的景观树和行道树，可群植或孤植用于园林配景。华北平原的黄淮流域有较多的成片造林，其他地区多为四旁绿色和零星栽植，习见为行道树。根系浅而发达，易风倒，适应性强，为优良的固沙保土树种。花朵香甜可食用，还是上等蜜源，也可入药、提取香精。

红花刺槐景观

红花刺槐景观

红花刺槐景观

合欢

别名：绒花树、马缨花
科属名：含羞草科合欢属
学名：*Albizzia julibrissin*

形态特征

落叶乔木，高约 16m。树冠开展，呈伞形；枝粗大，稀疏。叶互生，2 回羽状复叶；羽片对生，小叶 40~60 片，线形至长圆形，小叶夜间闭合。头状花序伞房状排列，萼及花瓣均为黄绿色，雄蕊多数、细长、粉红色，茎部联合。荚果带状。花期 6~7 月，果期 9~10 月。本属约 100 种，常见栽培观赏的有山合欢（A. *kalkora*）、大叶合欢（A. *lebbeck*）、楹树（A. *chinensis*）、南洋楹（A. *falcataria*）等。

适应地区

产于我国河北、陕西、甘肃、四川、云南东南部等地。

合欢花序

生物特性

喜光，稍耐阴。有一定的耐寒性。浅根性，对土壤要求不严，耐干旱、瘠薄，耐轻度盐碱，不耐水涝。华北地区露地栽培，4 月发芽，10 月下旬落叶。

合欢景观

大叶合欢花序特写

合欢花枝条特写

繁殖栽培

播种法繁殖。幼苗春、秋季移植均易成活。幼苗生长迅速，1 年生苗主干常不挺直，翌年春季可齐地截干，留 1 个壮芽成长，可使树干变直。华北地区 1~2 年生苗须加保护越冬，4 年生苗供定植，6 年生苗可开花。移植大树，行以强剪，植后立支架，适时灌水，注意雨季排涝。树皮薄，不耐暴晒，宜群植或在西侧植其他树木，以防西晒。

景观特征

树姿优美，叶形雅致，昼开夜合，入夏绒花吐艳，有色有香，形成轻柔、舒畅的景观效果，是美丽的夏季观花树种。

园林应用

抗烟尘和二氧化硫，可做庇阴树、行道树，或植于房前、草坪、山坡及林缘等地。公园桥头对植两株，草坪之中散植一丛，清幽秀丽。建筑前点植一二，可使景色活泼。

合欢落叶后的株形

合欢果枝特写

大叶合欢树干特写

楹树景观

流苏树

别名：炭栗木、茶叶树
科属名：木犀科流苏属
学名：*Chionanthus retusus*

形态特征

落叶灌木或乔木，高可达20m。叶革质或薄革质，长圆形、椭圆形或圆形，有时卵形或倒卵形至倒卵状披针形，长3~12cm，宽2~6.5cm，先端圆钝，有时凹入或锐尖。聚伞状圆锥花序，顶生于枝端，近无毛；苞片线形，疏被或密被柔毛，单性而雌雄异株或为两性花；花冠白色，4深裂。果椭圆形，被白粉，呈蓝黑色或黑色。花期3~6月，果期6~11月。

适应地区

产于甘肃、陕西、山西、河北、河南以南至云南、四川、广东、福建和我国台湾。生于海拔3000m以下的稀疏混交林中或灌丛中，或山坡、河边。

流苏树树干特写

生物特性

喜光，也较耐阴。喜温暖气候，也颇耐寒。喜生于中性及微酸性的土壤，耐干旱、瘠薄，不耐水涝。

繁殖栽培

用播种、扦插或嫁接法繁殖。扦插宜在夏季进行，用当年生的粗壮半成熟枝做插穗。嫁

流苏树景观

接以白蜡或女贞做砧木。也可进行压条、分株繁殖。移植于春、秋季均可，大苗移植需带土球。栽培时应注意树形管理，下部侧枝不可修剪过度，保持树冠完整，否则开花时形成伞盖状，下部无花。过旱时适当浇水，一般情况无须管理。秋季适当施肥，可使枝繁叶茂，开花茂密。

流苏树景观

景观特征

树形高大优美，枝叶繁茂，花序大，花多，开花时满树白花，如覆霜盖雪。

园林应用

优美的园林观赏树种，不论是少量点缀，还是大量群植，均能取得很好的观赏效果。于草坪中数株丛植，于路旁、水池边、建筑周围散植或列植都十分相宜。若种植在常绿树前或背衬红墙，极显美丽。也可选取老桩进行盆栽，制作盆景。河北及山东不少地方还有采其嫩芽代茶者，其味不亚于龙井茶，故有“茶叶树”之名。

流苏树景观

流苏树景观

油橄榄

别名：阿列布、木犀榄、齐墩果
科属名：木犀科木犀榄属
学名：*Olea europaea*

油橄榄枝叶特写

形态特征

常绿小乔木，高可达10m。树皮灰色；枝灰色或灰褐色，近圆柱形，散生圆形皮孔。叶革质，披针形，有时为长圆状椭圆形或卵形，先端锐尖至渐尖，具小突尖，基部渐窄或楔形，全缘，叶缘反卷；叶柄密被银灰色鳞片，两侧下延于茎上成狭棱，上面具浅沟。圆锥花序腋生或顶生，花序梗被银灰色鳞片；花芳香，白色，两性。果椭圆形，成熟时呈蓝黑色。花期4~5月，果期6~9月。栽培品种很多。

适应地区

我国长江流域以南地区有栽培。

生物特性

喜全光照，稍耐阴，每天接受日照不宜少于4小时。喜温暖，稍耐寒，在14~24℃的温度范围内生长较好，可耐0℃低温。宜选用土层深厚、排水良好、疏松、肥沃的中性砂质壤土，喜微潮偏干的土壤环境，稍耐旱，忌渍水。

繁殖栽培

以播种繁殖为主，多在每年10~11月进行。也可采用扦插、压条、嫁接等方法育苗。优良品种须用嫁接法育苗。对肥料的需求量较大，除在定植时施用基肥外，生长旺盛阶段可每隔3~4周追肥一次。较耐修剪，每年冬季应结合整形剪除瘦弱枝、过密枝、枯死枝。

景观特征

树形健美，枝叶繁茂，绿阴效果佳。

园林应用

为世界著名的油料作物，也是很好的观赏树木，适合做行道树、庭阴树，群植景观效果也不错。它对二氧化硫等有害气体抗性较强，适宜在化工厂区美化。果实可食用。

油橄榄株形

油橄榄景观

桂花

别名：木犀、岩桂、金粟、九里香
科属名：木犀科木犀属
学名：*Osmanthus fragrans*

丹桂

形态特征

常绿乔木或灌木，高3~5m，最高可达18m。树皮灰褐色。叶革质，椭圆形、长椭圆形或椭圆状披针形，先端渐尖，基部渐狭呈楔形或宽楔形。聚伞花序簇生于叶腋，或近于帚状，每腋内有花多朵；苞片宽卵形，质厚，具小尖头，无毛；花梗细弱，无毛；花极芳香；花冠黄白色、淡黄色、黄色或橘红色。果歪斜，椭圆形，紫黑色。花期 9~10 月上旬，果期翌年 3 月。常见栽培的有金桂（var. *thunbergii*），花金黄色；银桂（var. *latifolius*），叶长椭圆形，花乳白色；丹桂（var. *aurantiacus*），花橙黄色；四季桂（var. *semperflorens*），花白色，几乎每月都有花开。

适应地区

原产于我国西南部，现各地广泛栽培。

生物特性

喜光，好温暖、湿润。不耐严寒和干旱。适生于土层深厚、排水良好、富含腐殖质的偏酸性砂质壤土，忌碱地和积水。

繁殖栽培

繁殖用播种、扦插、嫁接、压条及分株均可。嫁接是最常用的繁殖方法，砧木可选用女贞属、白蜡属植物和流苏，一般多用靠接法进行。分株可以在树根部适当断根，促进分蘖后进行。幼树应每年早春酌施部分基肥。立春前后进行整形修剪，应该随时将砧木上长出的萌蘖剪去，以免消耗养分。植株长至约1m 时应进行修剪整形，由于桂花生长速度较慢，故不宜进行强剪，通常只需将过密枝、内膛枝除去即可。

四季桂地被春季嫩叶的色彩

景观特征

枝叶繁茂，终年常绿，花期正值仲秋，香飘数里，可谓“独占三秋压群芳”。

园林应用

在我国古典园林中，桂花常与建筑物、山、石配置，以丛生灌木型的植株与亭、台、楼、阁相配。在南方地区，已广泛种植于公园、风景区、居住小区、景观路和广场周围，北方地区则常作盆栽点缀居室。

*** 园林造景功能相近的植物 ***

中文名	学名	形态特征	园林应用	适应地区
刺桂	*Osmanthus heterophyllus*	叶缘具大刺状齿，网脉明显，隆起。花白色。核果蓝黑色	同桂花	江南庭院有栽培

桂花景观

四季桂

桂花

四季桂景观

银桂景观
银桂
丹桂景观
丹桂
丹桂

女贞

别名：冬青、蜡虫树
科属名：木犀科女贞属
学名：*Ligustrum lucidum*

形态特征

灌木或乔木，高可达 25m。叶常绿，革质，卵形、长卵形或椭圆形至宽椭圆形，先端锐尖至渐尖或钝，基部圆形或近圆形，有时宽楔形或渐狭，叶缘平坦，上面光亮，两面无毛；叶柄上面具沟，无毛。圆锥花序顶生；花序轴及分枝轴无毛，紫色或黄棕色，果时具棱；花无梗或近无梗。果肾形或近肾形，深蓝黑色，成熟时呈红黑色，被白粉。花期 5~7 月，果期 7 月至翌年 5 月。

适应地区

产于长江以南至华南、西南各省区，向西北分布至陕西、甘肃。生于海拔 2900m 以下的疏林、密林中。

生物特性

喜光，耐阴。对气候要求不严，但适宜在湿润、背风、向阳的地方栽种，尤以深厚、肥沃、腐殖质含量高的土壤中生长良好。

繁殖栽培

繁殖主要靠播种，扦插也易得苗。栽培容易，耐修剪，枝条萌发力强，可作整形栽培。干旱、高温季节易受介壳虫危害，应及时防治。稍大苗木移植时应带土坨，以保存活。

景观特征

可作为单干乔木孤植，终年常绿，枝繁叶茂，树冠圆整。夏季盛开的小白花聚积成圆锥花序布满枝头，散发出芳香，在绿叶的映衬下十分醒目。秋季，叶丛中串串蓝紫色的果实挂满枝头，蔚为壮观。

女贞果序特写

女贞果枝

园林应用

园林中常用的观赏树种，可于庭院孤植或丛植，也可做行道树。因其适应性强，生长快又耐修剪，也可用做绿篱。对多种有毒气体抗性较强，叶片大，阻滞尘土能力强，能净化空气，改善大气质量，可在工矿区作抗污染的隔离带种植。一般 3~4 年即可成形，达到隔离效果。

*** 园林造景功能相近的植物 ***

中文名	学名	形态特征	园林应用	适应地区
厚叶女贞	*Ligustrum lucidum* cv. Compactum	叶圆形，质地革质而厚，叶色深绿	庭院配置	同女贞

厚叶女贞枝叶 ▷

女贞景观

女贞景观

厚叶女贞景观

龙柏

科属名：柏科圆柏属
学名：*Sabina chinensis* cv. Kalzuca

形态特征

常绿小乔木。树冠圆柱状或柱状塔形，枝条向上直展，上部渐尖，下部圆浑丰满并略向一侧偏斜；小枝密生，在枝端成几乎等长的密簇。鳞叶排列紧密，幼嫩时淡黄绿色，后呈翠绿色。球果蓝色，微被白粉。

适应地区

中国长江流域及华北各地都有栽培。

生物特性

暖温带树种，耐寒力强，幼苗的耐寒力较差，在北京可露地越冬。典型的阳性树种，喜充足阳光，幼苗比较耐阴。要求疏松而排水良好的中性钙质土，喜富含腐殖质的土壤，在强酸性土中生长不良，能耐轻碱。怕水涝，较耐旱。

繁殖栽培

嫁接和扦插繁殖。嫁接常用 2 年生或 1 年生壮苗侧柏或圆柏做砧木，接穗选择母树侧枝顶梢，长 10~15cm，早春进行腹接。硬枝扦插可春插和初冬插，半熟枝扦插在 8 月中旬至 9 月上旬进行。江南地区露地栽培时应中和土壤中的酸，同时补充钙；在北方庭院中地栽时应栽在背风向阳的地段，如果土壤黏重，应大量掺沙。主枝延伸性强，一般不加修剪，任其自然生长。幼时生长较慢，3~4 年后生长加快，树干高达 3m 以后，长势又逐渐减弱。

景观特征

树形挺直，枝叶紧密，叶色苍翠，侧枝扭转向上，宛若游龙盘旋。

龙柏景观

龙柏枝条

园林应用

常以规则式列植于建筑前厅两旁，或自然式丛植于草坪，若在外围搭配一些观叶小乔木，能展现别具一格的景观效果。除用做观赏树种外，近年来，龙柏小苗作为绿化植被已被大量栽培应用。

龙柏枝条

龙柏景观

龙柏景观

龙柏景观

依兰香

别名：香水花、夷兰
科属名：番荔枝科依兰属
学名：*Cananga adorata*

形态特征

常绿大乔木，高达二十多米，胸径达60cm。树干通直，树皮灰色；小枝无毛，有小皮孔。叶大，膜质至薄纸质，卵状长圆形或长椭圆形，长10~23cm，宽4~14cm，顶端渐尖至急尖，基部圆形。花序单生于叶腋内或叶腋外，有花2~5朵；花大，黄绿色，芳香，倒垂。花期4~8月，果期12月至翌年3月。

依兰开花的景观

适应地区

栽培于我国台湾、福建、广东、广西、云南和四川等地。

生物特性

喜日光充足的环境。喜温暖，怕低温，越冬温度不宜低于12℃。宜选用疏松、肥沃、土层深厚、排水良好的壤土。

繁殖栽培

扦插法繁殖，多在每年春、夏季进行。也可播种，选择避风处，小苗不耐强阳光，需进行遮阴。生长期间并不需要特别照顾，每2~3天浇水一次。喜肥，除在定植时施用基肥外，每年追肥2次，肥料以腐熟的天然肥料或含氮、磷、钾三要素的化学肥料为主。生育期间可以作适度的修剪。

依兰景观

依兰香花特写 ▷

*** 园林造景功能相近的植物 ***

中文名	学名	形态特征	园林应用	适应地区
小依兰	*Cananga adorata* var. *fruticosa*	灌木，高 1~2m。花的香气较淡	庭院布置，也做绿篱	广东、云南

景观特征

树形高大挺拔，枝条下垂，叶片俊美。每至花季，黄绿色的花朵掩映在绿叶之间，十分漂亮，一树花开，满园皆香。

园林应用

树形美观，是理想的观赏花卉和庭园树，也是制造高级香料的重要原料。

小依兰果枝

小依兰花特写

小依兰列植景观

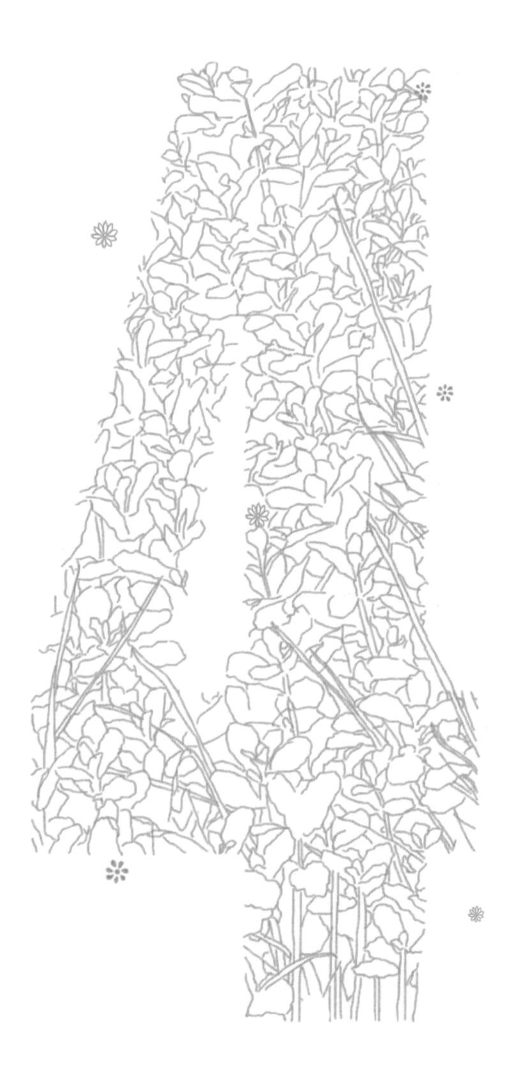

第四章

草本类芳香植物造景

造景功能

草木类芳香植物既可用于地被、花坛、花境和庭院造景，也可用于室内布置。室内布置通常采用改善环境或食用保健的种类，香气不宜过于浓烈，布置方式以盆栽为主；地被造景依据耐阴程度不同，布置在不同位置；花坛、花境配置需要选择花色鲜艳、开花整齐或叶色鲜艳的草本种类；在庭院的布置比较灵活，个体小型的种类成片布置效果较好，个体较大的种类则可丛植。

欧芹

别名：洋芫荽、洋香菜
科属名：伞形科欧芹属
学名：*Petroselinum crispum*

形态特征

二年生草本。光滑；根纺锤形，有时粗厚。茎圆形，稍有棱槽，高30~100cm，中部以上分枝，枝对生或轮生，通常超过中央伞形花序。叶深绿色，表面光亮，基生叶和茎下部叶有长柄。伞形花序有伞辐，近等长，光滑；小伞花序有花20朵。果实卵形，灰棕色。花期6月，果期7月。品种分平叶和卷叶种。

欧芹景观

适应地区

一般栽培于庭院或成野生状态。世界各地均有栽培。

生物特性

喜日照充足、通风良好的环境。耐寒力较强，最适生长温度为18~20℃。对土壤要求不严，以肥沃壤土为佳。

欧芹景观

欧芹叶特写

*** 园林造景功能相近的植物 ***

中文名	学名	形态特征	园林应用	适应地区
芹菜	*Apium graveolens*	小型草本。叶 1 回羽状复叶	田园景观营造	全国各地

繁殖栽培

种子直播，每穴2~3粒，植株间距20~50cm，随着植株渐长，而加以疏开距离。每季施肥一次，充分浇水。种植的地点最好有遮阴，植株较嫩，否则植物容易老叶，而产生发育不良。

景观特征

叶色青翠，具特殊的清香气味。

园林应用

最特别的造景是种植在玫瑰园，因为欧芹本身具有特殊的效用，能使玫瑰生长旺盛，增添玫瑰芳香。园林中常成片、成丛种植，景观效果好。

芹菜景观

芹菜景观

芹菜景观

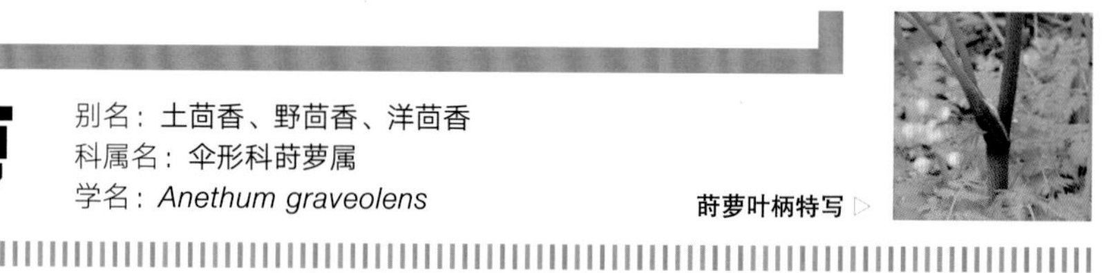

莳萝

别名：土茴香、野茴香、洋茴香
科属名：伞形科莳萝属
学名：*Anethum graveolens*

莳萝叶柄特写

形态特征

一年生草本，稀为二年生，高60~120cm。全株无毛，有强烈香味。茎单一，直立，圆柱形，光滑，有纵长细条纹。基生叶有柄，基部有宽阔叶鞘，边缘膜质；叶片宽卵形，3~4回羽状全裂，末回裂片丝状；茎上部叶较小，分裂次数少，无叶柄，仅有叶鞘。复伞形花序常呈二歧式分枝；小伞形花序有花15~25朵；花瓣黄色，中脉常呈褐色，长圆形或近方形。分生果卵状椭圆形，成熟时褐色。花期5~8月，果期7~9月。

莳萝花序

适应地区

我国东北地区和甘肃、四川、广东、广西等地有栽培。

生物特性

喜阳光。喜排水良好的沙壤土，pH值介于中性至微酸性土质。

莳萝景观

莳萝景观

繁殖栽培

春、秋季播种繁殖，不耐移植，可采用条播法直接播种。苗期注意杂草管理。

景观特征

株形紧凑，根、茎、叶均为墨绿色，看起来像茴香，但比茴香矮生，开小黄花、有小小的果实，全株有淡淡清香。

园林应用

盆栽或作花台、花坛美化，也可在林下或林缘开阔地成片种植。

芸香

别名：臭草、香草、百应草、小叶香
科属名：芸香科芸香属
学名：*Ruta graveolens*

芸香枝叶

形态特征

多年生草本。落地栽种植株高达 1m，有浓烈的特殊异香味。叶 2~3 回羽状复叶，长 6~12cm，末回小羽裂片短匙形或狭长圆形，长 5~30mm，宽 2~5mm，灰绿或带蓝绿色。花金黄色，花径约 2cm；萼片 4 枚；花瓣 4 枚；雄蕊 8 枚，花初开放时与花瓣对生的 4 枚贴附于花瓣上，与萼片对生的另 4 枚斜展且外露，较长，花盛开时全部并列一起，挺直且等长，花柱短，子房通常 4 室，每室有胚珠多颗。果长 6~10mm，由顶端开裂至中部，果皮有凸起的油点。种子甚多，肾形，长约 1.5mm，褐黑色。花期 3~6 月及冬季末期，果期 7~9 月。

芸香景观

适应地区

我国南北地区有栽培，多盆栽。

芸香景观

生物特性

喜光照充足、温暖、湿润的气候，生长适温为 14~26℃。宜排水良好的砂质壤土。

繁殖栽培

播种、扦插或分株法繁殖。播种于 4 月上旬进行，12~15 天出苗，待苗高 10~12cm 时定植田间。扦插于 7 月上旬、中旬进行，生根后移入冷床，翌年春季定植于大田。适时浇水、修剪就可生长很好。长江以北地区多在温室内盆栽，也可做多年生宿根花卉露地栽培，冬季需覆土防寒。

景观特征

枝叶茂密，绿意颇浓，很有山野情调。

园林应用

园林中可成片栽植，观赏光亮绿叶及黄色的花朵，或用于大型花坛的中心栽植。枝叶含芳香油，可做调香原料，全草入药。

芍药

别名：将离、婪尾香
科属名：毛茛科芍药属
学名：*Paeonia lactiflora*

形态特征

多年生草本。根粗壮，分枝黑褐色；茎高40~70cm，无毛。下部茎生叶为2回三出复叶，上部茎生叶为三出复叶；小叶狭卵形，椭圆形或披针形，顶端渐尖，基部楔形或偏斜，边缘具白色骨质细齿，两面无毛，背面沿叶脉疏生短柔毛。花数朵，生于茎顶和叶腋，有时仅顶端一朵开放；花瓣9~13枚，倒卵形，白色，有时基部具深紫色斑块；花丝黄色。蓇葖光滑，顶端具喙。花期5~6月，果期8月。品种繁多，按花色分有纯白、红、黄、紫、粉蓝、墨紫、复蓝、复色等；按花型分有单瓣类、千层类、楼子类和台阁类。

适应地区

分布于东北、华北地区和陕西及甘肃南部，四川、贵州、安徽、山东、浙江等省及各城市公园也有栽培。

生物特性

喜阳光，在阳光充足的环境生长旺盛，在稍阴蔽处也可开花。性耐寒，北方各省区都可露地越冬，夏季多喜欢冷凉气候。土质以砂质壤土或壤土生长良好，黏土及沙土则生长不良，盐碱地及排水不良的地方不宜种植。喜湿润，不耐积水。

繁殖栽培

可用分株、播种、根播等方法繁殖，其中分株较为常用，适宜时期为秋季。种子繁殖仅用于培育新品种，种子成熟后，要随采随播。生长期可每约20天施肥一次，有机肥或氮、磷、钾肥均可，霜降后对磷肥需求较高。为了使顶蕾花大色艳，应在花蕾显现不久摘除侧蕾，可使养分集中于顶蕾。生长过程主要有黑斑病、白绢病、锈病，需提前防治。

芍药株形

芍药花枝特写

景观特征

植株较高大，枝叶茂密，幼叶多红色，少量绿色，老叶深绿色。花一般独开于茎的顶端或近顶端叶腋处，原种花主要为白色或粉红色，栽培种更有黄、绿、红、紫或混合等。在我国栽培历史悠久，其盛名远在“花王”牡丹之前。

园林应用

一种重要的露地宿根花卉，由于它兼色、香、韵的特点，可用其开辟专类园。同时它又是花坛、花境的好材料，还可在林缘或草坪中作自然式丛植，且常常成片植于假山、石畔、池边来点缀景色。

芍药花特写

芍药营养生长期景观

芍药早春景观

芍药花期景观

香叶天竺葵

别名：香叶、摸摸香、香洋葵
科属名：牻牛儿苗科天竺葵属
学名：*Pelargonium graveolens*

形态特征

多年生草本或灌木，高可达 1m。茎直立，基部木质化，上部肉质，密被具光泽的柔毛，有香味。叶互生；托叶宽三角形或宽卵形，先端急尖；叶柄与叶片近等长，被柔毛；叶片近圆形，基部心形，掌状，5~7 裂达中部或近基部。伞形花序与叶对生，长于叶，具花 5~12 朵；苞片卵形，被短柔毛，边缘具绿毛；花梗长 3~8mm 或几无梗；萼片长卵形，绿色，先端急尖；花瓣玫瑰色或粉红色，长为萼片的 2 倍，先端钝圆，上面 2 枚较大；雄蕊与萼片近等长，下部扩展。蒴果被柔毛。花期5~7月，果期8~9月。有多个栽培品种。

香叶天竺葵叶特写

香叶天竺葵景观

适应地区

全国各地庭园有栽培。

生物特性

喜温暖，不耐寒，生长适温为 22~30℃。对环境的适应性较强，耐旱，怕涝，宜排水良好的肥沃壤土。冬季温暖地区可作地栽，我国北方地区多作盆栽观赏。

繁殖栽培

扦插繁殖为主，多在每年春、秋二季进行。喜肥，除在定植时施用基肥外，生长旺盛阶段每半个月追肥一次。喜光照充足的环境，这样植株香气更浓，每天植物应接受不少于 4 个小时的直射日光。若植株老化，秋末应进行强剪。

景观特征

枝叶繁茂，花小，呈粉红色，花姿美丽似绣球，鲜艳夺目。

园林应用

露地可装饰岩石园、花坛及花境，盆栽可点缀会场、居室及其他公共场所，也可做切花。茎、叶能防蚊虫，因此有人称其为“防蚊草”。

香叶天竺葵花特写

香叶天竺葵景观

香叶天竺葵景观

香叶天竺葵景观

＊园林造景功能相近的植物＊

中文名	学名	形态特征	园林应用	适应地区
扒拉香	*Pelargonium odoratissimum*	茎纤细，蔓生多分枝，节间长。花小，白色，早春开花，花期长，全身有苹果香味	同香叶天竺葵	同香叶天竺葵

羽叶薰衣草

科属名：唇形花科薰衣草属
学名：*Lavandula pinnata*

形态特征

多年生草本，高约 50cm。全株密被白色茸毛。叶对生，2 回羽状复叶，小叶线形或倒披针形，叶深裂成羽毛状。花茎长，花穗约 10cm，紫红色；小花上唇较大，花穗的基部再长一对分枝花穗而呈三叉状。四季开花。在众多的羽叶薰衣草品系中，国内引种栽培最多的是羽叶薰衣草（*L. pinnata*）和蕨叶薰衣草（*L. multifida*）。这两种薰衣草很相似，羽叶薰衣草的植株较直立适合盆栽，叶片的茸毛较短，2 回羽状叶不明显；蕨叶薰衣草植株斜向上偏生，适合庭院美化栽培，叶片茸毛很长，2 回羽状叶很明显。

羽叶薰衣草

羽叶薰衣草景观

适应地区

现各地均有栽培应用。

生物特性

生性强健。耐热，耐寒，喜阳光充足、通风的环境，阴蔽处生育不良。栽培土质以富含有机质的砂质壤土为佳，排水需良好。

繁殖栽培

可播种或扦插繁殖，大部分以扦插繁殖为主，因为其植株生长颇为快速。通常剪顶端长约 5cm 的枝条，经 7~10 天即可发根，1 个月后可种植成小型盆栽。羽叶薰衣草一般在秋、冬及春季栽培较为容易，在夏季若置于防雨塑料布及略遮阴环境下，植株还能生长良好且开花。为使株形丰满匀称，需适度修剪。

＊园林造景功能相近的植物＊

中文名	学名	形态特征	园林应用	适应地区
薰衣草	*Lavandula angustifolia*	苞片鳞状卵圆形，萼的下唇 4 个齿短而明显，花冠上唇裂片直立或稍重叠	同羽叶薰衣草	适合于寒冷地区栽培，是我国生产精油的主要栽培品系
齿叶薰衣草	*L. dentata*	叶片边缘深裂成锯齿状，每层轮生的小花彼此间较不紧密，最顶端没有小花，只有和花色一样的苞叶	同羽叶薰衣草	比较耐热，适合我国南方地区

薰衣草 ▷

羽叶薰衣草景观

薰衣草景观

羽叶薰衣草景观

景观特征

植株抽花率极高，花期长，成株间开花不断，大面积种植常形成一片紫色的花海美景，在欧洲是非常受欢迎的观赏植物，目前也成为我国南方地区一些休闲农园或香草餐厅不可或缺的景观植物。

园林应用

气味较其他种类的熏衣草弱，不具提炼精油或实用的价值，目前仅供观赏应用。布置在乔木、灌木下做地被，或布置于草坪过渡地带及路边、花园广场等处的花境、花带、花丛等环境，具有良好的观赏效果。

薄荷

别名：南薄荷、野薄荷、土薄荷、鱼香草
科属名：唇形花科薄荷属
学名：*Mentha haplocalyx* var. *piperascens*

形态特征

多年生宿根草本，高30~60cm。具匍匐根茎，茎4棱，下部卧地生根，沿棱上被微柔毛，多分枝。叶对生，薄纸质，长圆状披针形，卵状披针形或长圆形，顶端锐尖，基部楔形至近圆形，边缘疏生粗大牙齿状锯齿，通常两面脉上均密生微柔毛；中脉和侧脉均在上面微凹。全株具清凉香气。花夏、秋季开放，淡紫色或白色，排成稠密多花的轮伞花序，通常下部的具总梗，上部的无梗。小坚果长圆形，黄褐色。花期7~10月，果期8~11月。有多个品种。

留兰香枝叶特写

柠檬留兰香枝叶特写

适应地区

产于南北各地，生于水旁潮湿地。

生物特性

喜光照充足的环境，但在疏阴下也能很好生长，最好保持全日照。喜温暖，忌高温，较耐寒，在12~28℃的温度范围内生长良好。喜微潮的土壤环境，也稍耐旱。

繁殖栽培

扦插或分根茎繁殖，成活容易。将地下茎切成长10~15cm的段分别栽种，很快会长成大丛新株。适应性强，管理粗放。对氮肥的需要量较大，除在定植时施用基肥外，生长旺盛期应该每半个月追施一次稀薄液肥。

景观特征

在潮湿和阳光充足的场所，茎叶生长十分茂盛，叶片碧绿，闪闪发光并散发出清凉的香味。

＊园林造景功能相近的植物＊

中文名	学名	形态特征	园林应用	适应地区
欧薄荷	*Mentha longifoloia*	叶大无柄，两面均被毛。花序粗大，密集；花梗常被茸毛状具节长柔毛	欧洲各地做芳香及药用植物广为栽培	上海、南京有栽培
留兰香	*M. spicata*	茎光滑。小花轮生，多数聚集成顶生假穗状花序；花冠淡紫色，香气不同于薄荷，甜香凉爽	可做地被植物，能快速铺地形成景观，又可供药用	全世界广为栽培
柠檬留兰香	*M. citrata*	茎叶宽卵圆形或椭圆形，先端钝。轮伞花序密集成顶生的穗状花序，萼齿边缘不具缘毛	做地被及药用植物	北京、南京、杭州等地有栽培

薄荷枝叶特写

园林应用

庭院中地栽或盆栽做花境配置材料，也可做潮湿低洼地的地被植物，生长势强，很快即可覆盖地面。

欧薄荷景观

柠檬留兰香景观

留兰香景观

圆叶薄荷

别名：苹果薄荷
科属名：唇形花科薄荷属
学名：*Mentha suavenolens*

形态特征

多年生草本。茎 4 棱，密生白色茸毛。叶对生，长圆状卵形到圆形，叶圆具有不规则波状齿，灰绿色，具柔毛，叶片长 3cm，宽 2~2.5cm。花白色或粉色，聚生于枝条顶端，花序分枝。夏季开花。品种有凤梨薄荷（cv. Variegata），叶具乳白色条纹或白边。

圆叶薄荷景观

适应地区

适应我国长江流域地区栽培利用。

生物特性

在温暖及全日照的环境生长良好。忌高温，较耐寒，生长适温为 20~30℃。喜潮湿、肥沃的碱性土壤。

凤梨薄荷景观

繁殖栽培

可用播种、分株或扦插等方式繁殖。播种以春季为佳，扦插或分株则春、秋两季都适宜，成活率皆相当高。适应性强，管理粗放。新苗栽种后要压实浇透水，待萌芽长出新叶时，要保持土壤湿润，但不能积水。苗高 15~20cm 时进行摘心，促使多分枝。生长期每半个月施肥一次，并增施 1~2 次磷钾肥。最好每年分株一次。

景观特征

原始种叶姿细致、柔美，叶色青翠。花叶品种色彩淡雅，景观效果良好。做地被造景时外观一致，做花坛、花境造景时色彩为浅色调。

园林应用

可做潮湿低洼地的地被植物，生长势强，很快即可覆盖地面。做花坛、花境效果良好，是庭院绿化、美化的新材料。

凤梨薄荷叶特写

凤梨薄荷景观

凤梨薄荷景观

凤梨薄荷景观

罗勒

别名：矮糠、九层塔
科属名：唇形花科罗勒属
学名：*Ocimum basilicum*

形态特征

一年生草本，高 20~80cm。具圆锥形主根及自其上生出的密集须根。茎直立，钝四棱形，上部微具槽，基部无毛，上部被倒向微柔毛，绿色，常染有红色，多分枝。叶卵圆形至卵圆状长圆形，先端微钝或急尖，基部渐狭，边缘具不规则牙齿或近于全缘，两面近无毛，下面具腺点；叶柄伸长，近于扁平，向叶基多少具狭翅，被微柔毛。总状花序顶生于茎、枝上，各部均被微柔毛，由多数具 6 朵花交互对生的轮伞花序组成；苞片细小，倒披针形；花萼钟形，果时花萼宿存；花冠淡紫色，或上唇白色下唇紫红色，伸出花萼。花期通常 7~9 月，果期 9~12 月。

罗勒枝叶特写

香蜂草枝叶特写

适应地区

产于我国新疆、吉林、河北、浙江、江苏、安徽、江西、湖北、湖南、广东、广西、福建、台湾、贵州、云南及四川，多为栽培，南部各省区也有野生。

生物特性

喜温暖、湿润、向阳的环境和排水良好的土壤，最好保持全日照。怕低温，18~28℃时生长较好。

丁香罗勒株形

*** 园林造景功能相近的植物 ***

中文名	学名	形态特征	园林应用	适应地区
丁香罗勒	*Ocimum gratissimum*	灌木。叶两面密被柔毛状茸毛。果萼下垂，后中齿宽倒卵圆形，边缘具狭而稍下延的翅	同罗勒	同罗勒
香蜂草	*Melissa officinalis*	草本。叶具长柄，有长柔毛，叶片卵形，锯齿明显，叶脉下凹，基部近心形	同罗勒	同罗勒

丁香罗勒花序特写

香蜂草植物景观

繁殖栽培

能自播繁衍。华北地区早春在室内或温床中播种，4 月初可定植，也可在夏季进行嫩枝扦插。生性强健，因具有特殊芳香味道，很少发生病虫害。栽培时需施足基肥，促使植株茁壮生长，生长旺盛阶段应保证水分供应，其他栽培管理极为简易。

景观特征

长势繁茂，多分枝，开花时花序层层相叠如宝塔状，且具有独特的香气。

园林应用

多做花境背景或地被植物，应用于休闲香草观光园区时，则任其生长与开花，以欣赏不同罗勒品种的花色与花姿。全株含芳香挥发油，是重要的芳香、药用植物。

香蜂草植物景观

紫苏

别名：荏、赤苏、苏叶、回回苏
科属名：唇形花科紫苏属
学名：*Perilla frutescens*

形态特征

一年生直立草本。茎高 0.3~2m，绿色或紫色，钝四棱形，具四槽，密被长柔毛。叶阔卵形或圆形，两面绿色或紫色，或仅下面紫色，上面被疏柔毛，下面被贴生柔毛。轮伞花序 2 朵花，密被长柔毛、偏向一侧的顶生及腋生总状花序；花萼钟状；花冠白色至紫红色，外面略被微柔毛。小坚果近球形，灰褐色，具网纹。花期 8~11 月，果期 8~12 月。紫苏属有 1 种和 3 个变种，分别是野生紫苏（var. *acuta*）、皱叶紫苏（var. *crispa*）、耳齿变种（var. *auriculato-dentata*）。

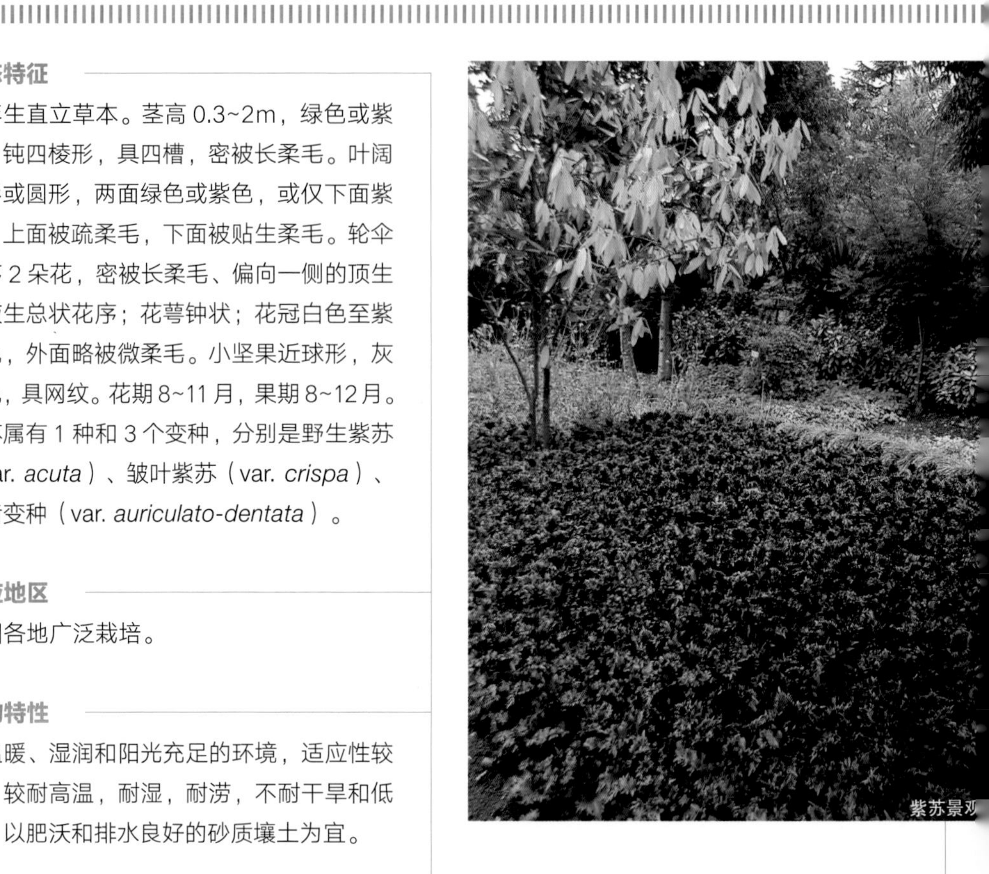
紫苏景观

适应地区

全国各地广泛栽培。

生物特性

喜温暖、湿润和阳光充足的环境，适应性较强。较耐高温，耐湿，耐涝，不耐干旱和低温。以肥沃和排水良好的砂质壤土为宜。

繁殖栽培

主要用播种繁殖。3~4 月春播，播后盖一层薄土，稍压实，播后及时浇水，7~10 天发芽，发芽率 90% 以上。栽培植地应施足基肥，生长期施肥 2~3 次。苗高 25cm 时摘心，促使多分枝。

紫苏枝叶特写

景观特征

叶片紫红，叶茎覆盖地表时赏其深紫黑色而又富于光泽的株丛，极富野趣。

园林应用

适应性强，栽培容易，用于布置花坛、花境或香料园，适合林缘、墙边、坡地成片栽培。本植物在我国栽培极广，供药用和香料用，叶又可供食用。

紫苏花序特写

紫苏景观

白苏花序、枝叶特写

白苏景观

香茅

别名：大风茅、风茅草、姜巴茅、姜草、柠檬草、香巴茅
科属名：禾本科香茅属
学名：*Cymbopogon citratus*

形态特征

多年生密丛型具香味草本，秆高达 2m。粗壮，节下被白色蜡粉。叶鞘无毛，不向外反卷，内面浅绿色；叶舌质厚，顶端长渐尖，平滑或边缘粗糙。伪圆锥花序具多次复合分枝，疏散，分枝细长，顶端下垂；佛焰苞长 1.5~2cm；总状花序不等长，具 3~4 或 5~6 个节；总状花序轴节间及小穗柄长 2.5~4mm，边缘疏生柔毛，顶端膨大或具齿裂。花、果期夏季，少见有开花者。

适应地区

我国广东、海南、台湾栽培，广泛种植于热带地区。

生物特性

喜日光充足，半阴则植株生长不良。喜高温，不耐寒，生长适温为22~30℃，越冬温度不宜低于5℃。对土壤适应性较强。稍耐旱，怕积水，雨季应注意排涝，生长旺盛阶段不可缺水。

繁殖栽培

分株繁殖为主，多在 3~4 月进行，选择 1~2 年生的植株分栽，分株后即可进行定植。也可播种育苗。生长前期对氮肥的需求量较多，夏、秋高温时节可每 2~3 周追肥一次。生长后期要适当多施钾肥。夏季高温多雨时易发枯叶病，因此要做好防治工作。此外，常遭香茅蓟马等害虫侵袭。

景观特征

茎秆粗壮，叶片潇洒，成丛栽种能够展示出其新枝勃发、欣欣向荣的气势。用于环境装饰，可以使人感受到浓郁的山野气息。

园林应用

在我国南方地区可庭院地栽，也可于花境中栽种；北方地区可温室盆栽。全草可入药，茎、叶可提取柠檬香精油，并可食用，嫩茎叶为咖喱香料的原料，药用有通络祛风之效。

香茅景观

香茅株形

香茅景观

香茅景观

香茅景观

香茅景观

*** 园林造景功能相近的植物 ***

中文名	学名	形态特征	园林应用	适应地区
亚香茅	*Cymbopogon nardus*	圆锥花序较紧缩，密而有间隔；无柄小穗较长，两脊上具窄翼，第二外稃无芒	同香茅	我国广东、海南、台湾有栽培，亚洲热带地区常栽培
枫茅	*C. winterianus*	圆锥花序大型开展，常呈“之”字形弯曲开展，无柄小穗的两脊上具宽翼，第二外稃具短芒尖，芒长 1~5mm	同香茅	同亚香茅
芸香草	*C. distans*	无柄小穗长近 7mm，具长 15~18mm 的芒，叶鞘内面稍带浅红色	同香茅	产于我国陕西、四川、云南、西藏和甘肃南部等地

鼠尾草类

科属名：唇形科鼠尾草属
学名：*Salvia* spp.

形态特征

草本或半灌木或灌木。叶为单叶或羽状复叶。轮伞花序2至多花，组成总状或总状圆锥或穗状花序，全部花为腋生；苞片小或大，小苞片常细小；花萼卵形或筒形或钟形，喉部内面有毛或无毛，二唇形。小坚果卵状三棱形或长圆状三棱形，无毛，光滑。品种依照栽培使用目的大致分为食用、芳香、观赏等3大类，品种有蓝花鼠尾草（*S. farinacea*）、墨西哥鼠尾草（*S. leucantha*）、芝麻草（*S.* sp.）。

适应地区

700~1050种，生于热带或温带。我国有78种，24变种，8变型，分布于全国各地，尤以西南地区为最多。

蓝鼠尾草景观

生物特性

适应性强。鼠尾草最为理想的栽培环境是温暖和比较干燥的气候，以及有充分的日照。喜温暖至高温，生长适温为15~30℃。适宜中性至微碱性的土壤。

蓝鼠尾与同种其他植物的色彩搭配

蓝鼠尾花序特写

繁殖栽培

可用扦插或压条繁殖，也可以播种，一般选择在春、秋雨季进行。栽培地点避免强风，定植后摘心一次，促使多分枝，能多开花。高温时期（尤其梅雨季节）应忌长期淋雨潮湿，花期过后若施予强剪，可望再萌发新枝，重新生长。

景观特征

植株低矮，形成的景观外观一致，开花量大，犹如花的海洋。其中以蓝花鼠尾草景观最有特色。

园林应用

适用于花坛、花境和园林景点的布置，也可点缀于岩石旁、林缘空隙地。

蓝鼠尾花序特写

蓝鼠尾草景观

蓝鼠尾草景

不同花色鼠尾草配

芝麻草枝条花序特写

墨西哥鼠尾花枝特写

墨西哥鼠尾草景观

墨西哥鼠尾草景观

黄姜花

科属名：姜科姜花属
学名：*Hedychium flavum*

形态特征

多年生草本，茎高1.5~2m。叶片长圆状披针形或披针形，顶端渐尖，并具尾尖，基部渐狭，两面均无毛；无柄；叶舌膜质，披针形。穗状花序长圆形；苞片覆瓦状排列，长圆状卵形，每一苞片内有花 3 朵，花黄色。花期8~9 月。

黄姜花景观

适应地区

产于西藏、四川、云南、贵州、广西。生于海拔 900~1200m 的山谷密林中。

生物特性

耐寒，耐旱，耐贫瘠，喜温暖、湿润气候。生长适温为 25~32℃，喜光照，能耐霜冻。宜选择肥沃、疏松、排水良好的壤土或砂质土壤种植。种植时间为 2~8 月，但以春季 2~3 月为最佳。

繁殖栽培

采用根茎繁殖。春季将大的根茎纵切成小块，每块根茎需 2 个芽，栽培前施足基肥，稍加强肥水管理，保持土壤湿润，当年即有大量分蘖产生。生性强健，易丛生，一般种植2年后应分株一次或轮作，避免植株生长过密而导致徒长或病虫害加重。适时采收鲜切花，在田间花谢后及时剪除开花植株，以减少营养消耗，冬季加以培土并覆盖堆肥，有利于地下茎肥大及促进翌年春季再生新株。

景观特征

一种有名的庭院芳香花卉，叶片柔韧，花色深黄、鲜艳、芳香，花序从下至上，花朵依次开放。广州主要花期在4~11月，几乎全年可以开花，花朵大，具备色、香、美的特点。

园林应用

多用做鲜切花，或用于庭院绿化、园林景观点缀花坛、花境。我国南方地区可露地栽培，北方仅盆栽观赏，于温室越冬。花可提取姜花浸膏，用于调合香精。

*** 园林造景功能相近的植物 ***

中文名	学名	形态特征	园林应用	适应地区
姜花	*Hedychium coronarium*	花白色，花萼管无毛；侧生退化雄蕊长约5cm；唇瓣长和宽约 6cm，白色，基部稍染浅黄	同黄姜花	长江流域以南地区
橙姜花	*H. flavescens*	花白色，雌蕊橙红色	同黄姜花	西南、华南地区
金姜花	*H. gardnerianum*	花色金黄	同黄姜花	西南、华南地区

黄姜花花序

橙姜花景观

金姜花花序

橙姜花花序

橙姜花景观

菖蒲

别名：水菖蒲
科属名：天南星科菖蒲属
学名：*Acorus calamus*

形态特征

多年生挺水草本植物。有香气，根状茎横走，粗壮，稍扁。叶基生，叶片剑状线形，长50~120cm，叶基部成鞘状，对折抱茎，中肋脉明显，两侧均隆起，每侧有3~5条平行脉；叶基部有膜质叶鞘，后脱落。花茎基生出，扁三棱形；肉穗花序直立或斜向上生长，圆柱形，黄绿色。浆果红色，长圆形。花期6~9月，果期8~10月。品种有花叶菖蒲（cv.Variegata）。

菖蒲景观

适应地区

分布于我国南北各地。生于池塘、湖泊岸边浅水处和沼泽地。

生物特性

喜湿润的土壤环境，不耐旱。最适宜生长温度为20~25℃，冬季以地下茎潜入泥中越冬，可耐-15℃低温。喜日光充足的环境，可每天接受4~6小时的散射日光。

繁殖栽培

播种繁殖，将收集到的成熟红色浆果清洗干净，在室内进行秋播，保持湿润，早春发芽，待苗健壮后移栽。无性繁殖，将地下茎挖出，切成若干块，保留3~4个新芽，进行繁殖。池底施足基肥，生长点露出泥土面，同时灌水1~3cm。在生长期内保持水位或潮湿，并结合施肥除草。初期以氮肥为主，抽穗开花前应以磷钾肥为主。越冬前要清理地上部分的枯枝残叶。

景观特征

叶丛青翠，株态挺拔，具有特殊香味，颇为耐看，将其配植于池边、塘畔，能够给环境增添几分秀美的气息。

园林应用

株丛潇洒，端庄秀丽，具有香气，适宜水景岸边及水体绿化。

*** 园林造景功能相近的植物 ***

中文名	学名	形态特征	园林应用	适应地区
金钱蒲	*Acorus gramineus*	植株丛生，高20~40cm。叶片狭长条形	庭院布置，或水边及浅水区域布置	同菖蒲
石菖蒲	*A. tatarinowii*	植株丛生，高30~50cm。叶片宽0.7~1.3cm	庭院布置，或水边及浅水区域布置	同菖蒲

菖蒲叶片 ▷

金钱蒲景观

石菖蒲景观

花叶菖蒲景观

东方型百合

科属名：百合科百合属

学名：*Lilium cv. Oriental hybrids*

形态特征

多年生草本无皮鳞茎类花卉。植株高度变化大，高 60~240cm。叶较大，卵形或卵状阔披针形，叶明显有柄而不同于麝香百合杂种系和亚洲百合杂种系。东方百合杂种系花蕾大小中等，长 8.5~15cm，开放的花朵是百合中最大的，直径 15~20cm，花蕾多数直立向上，少数横向，花形为碗形或星状碗形，花色丰富，以红色、粉红色、白色为主，花具浓郁的芳香气味。百合通过 100 多年的育种改良，形成了类型繁多的品种。在生产栽培、花卉市场常见的为 3 大品种群——麝香百合杂种系、亚洲百合杂种系和东方百合杂种系。东方百合包括所有天香百合、鹿子百合、日本百合衍生的品种以及它们与湖北百合的杂交种。国内常见的品种为火百合（Stargazer，凝星，皇族）、元帅（Acapulco）、索邦（Sorbonne）、玛丽（Mero Star）、西北利亚（Siberia）、赤峰（Massa）、星球战士（Starfighter）、提伯（Tiber）等。

东方型百合景观

适应地区

自然生长适应于亚热带以北地区，人工栽培在热带、亚热带、温带地区均可应用。

东方型百合花特写

生物特性

耐寒性强，耐热性差，喜凉爽、湿润气候，生长期长，要求温度较高，生长前期和花芽分化期适温为白天 20℃、夜间 15℃、土温 15℃。花芽分化后期需升温，白天适温为 25℃，夜间为 15℃。适宜 pH 值为 5.5~6.5。夏季生产时需遮光 50%~60%，冬季在温室中栽培对光照敏感度较低。长日照植物，自然花期在夏季。从定植到开花一般需 16 周，个别品种生长期长达 20 周。

繁殖栽培

有鳞片扦插、分球、组织培养及播种、珠芽等方法繁殖。用组织培养可获得大量脱毒子球。植前以农家肥混合，适量过磷酸钙做基肥，花芽形成前的营养生长期每周施一次人粪尿或尿素。种球种植后 15 天内应多浇水，以利迅速长根发芽。苗期及采花后应适当控水。现蕾后至开花前应保持水分充足，促使花朵充分发育。

麝香百合花特写

百合景观

百合景观

百合景观

景观特征

叶片青翠娟秀，茎干亭亭玉立，花朵硕大，花瓣质感好，姿态优雅，芳香浓郁，是庭院、盆栽和切花的重要名贵花卉。

园林应用

适合布置于专类园，可于稀疏林、空地片植或丛植，也可做花坛中心或背景材料。

*** 园林造景功能相近的植物 ***

中文名	学名	形态特征	园林应用	适应地区
麝香百合	*Lilium longiflorum*	叶狭长，条形或披针形，贴生于茎上，无叶柄。花蕾在百合中是最大的，长 12~18cm	同东方百合	亚热带地区

麝香百合景观

麝香百合景观

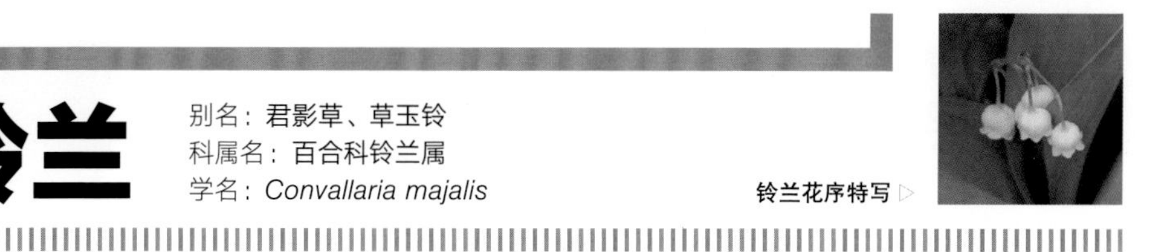

铃兰

别名：君影草、草玉铃
科属名：百合科铃兰属
学名：*Convallaria majalis*

铃兰花序特写

形态特征

多年生草本，高 18~30cm，常成片生长。植株全部无毛。叶椭圆形或卵状披针形，长 7~20cm，宽 3~8.5cm，先端急尖，基部楔形。花葶高15~30cm，稍外弯；苞片披针形，短于花梗；花白色，长、宽各 5~7mm。浆果熟后红色，稍下垂。种子扁圆形或双凸状，表面有细网纹。花期 5~6 月，果期 7~9 月。品种有大花铃兰（var. *fortunei*），叶与花均大；粉花铃兰（var. *rosea*），花被上有粉红色条纹；重瓣铃兰（var. *prolificans*）；花叶铃兰（var. *variegata*），叶片上有黄色条纹。

适应地区

我国东北、华北、西北林区有野生，生于半阴坡林下。

生物特性

性较健壮，耐严寒，喜湿润及半阴、凉爽的气候，忌炎热、干燥。春季 5℃时萌芽，盛夏气温超过 30℃时休眠。

繁殖栽培

分株繁殖，春、秋两季切分根茎或萌芽另行栽培即可。栽培地要深耕，并施入充分腐熟的有机基肥，生长期应保持土壤疏松、湿润，早春和秋末各施一次充分发酵的追肥，使植株翌春生长旺盛，开花繁茂。开花前宜有适当阳光，花后较耐阴蔽。

景观特征

植株矮小，花似铃铛，幽雅清丽，极富野趣，是一种优良的地被和盆栽植物。

园林应用

一种世界庭院中著名的耐阴观赏花卉，作为花境、草坪、坡地、林缘的地被花卉，早已广泛栽培。可在自然式山石旁和岩石园丛植，或栽植于房屋北面及树阴下，观赏其优美的叶丛与芳香雅致的花朵。也可做切花，花朵与花梗可提取高级香精——铃兰香。

铃兰景观

朝鲜蓟

别名：菊蓟、菜蓟、法国百合、荷花百合
科属名：菊科菜蓟属
学名：*Cynara sclolymus*

朝鲜蓟花序

形态特征

多年生草本，高达 2m。茎粗壮，直立，有条棱，上部有分枝，全部茎枝被稠密的蛛丝毛或毛变稀疏。叶大型，基生叶莲座状；下部茎叶长椭圆形或宽披针形，长约 1m，宽约 50cm，2 回羽状全裂，下部渐窄，有长叶柄；中部及上部茎叶渐小，无柄或沿茎稍下延，最上部及接头状花序下部的叶长椭圆形或线形；全部叶质地薄，草质，上面绿色，无毛，下面灰白色，被稠密或稀疏的茸毛。头状花序极大，生于分枝顶端，植株含多数头状花序；总苞多层，几无毛，覆瓦状排列，硬革质；小花紫红色。瘦果长椭圆形。花、果期 7 月。

朝鲜蓟景观

适应地区

目前我国主要在上海、浙江、湖南、云南等地有少量栽培。

生物特性

喜湿润气候，耐轻霜，忌干热。植株生长最适宜温度为 13~17℃。宜选肥沃、疏松、排水良好、持水力强的壤土或黏壤土栽植。

繁殖栽培

可用播种或分株法繁殖。播种繁殖于 3 月在温床或冷床播种，约 15 天发芽，5 月定植。分株繁殖在早春或晚秋进行，母株上分割蘖芽插于苗床培育，6~7 月定植。生长期不耐涝。营养生长期及抽薹现蕾期要求阳光充足，苗期遮光处理会有提早抽薹现蕾的现象。种植后经 4~5 年要更新一次。

景观特征

叶大肥厚，叶色灰色，景观十分奇特。花蕾球形，肉质鳞片大而紧，色泽鲜绿，有香味。

园林应用

作花境条植或草地片植，观赏其粗犷的叶丛和球形的花。

＊园林造景功能相近的植物＊

中文名	学名	形态特征	园林应用	适应地区
大刺菜蓟	*Cynara cardunculus*	叶大型，灰色，裂片顶端有刺	同朝鲜蓟	同朝鲜蓟

荷花

别名：莲、莲花、芙渠、芙蓉
科属名：莲科莲属
学名：*Nelumbo nucifera*

荷花花特写

形态特征

多年生挺水植物。根状茎横走于淤泥中，粗壮而肥厚，节和节间明显，节处缢缩，节间膨大，内有纵向通气孔道。叶有挺水叶和浮水叶两种；柄上具刺；叶片圆形盾状，全缘，波状，表面光滑，被蜡质；叶脉背面隆起。叶和花均从节处长出。花单生，挺出水面，美丽芳香；萼片4~5枚，开花时脱落，花瓣多，大多二十余枚，粉红、白色和红色为主；雄蕊多数，花丝细长、美丽；花托果期膨大，海绵状，俗称“莲蓬”，种子镶嵌其中。花期夏季。品种繁多，有300多个，花色丰富，可分为大中花群、小花群（碗莲）2类，类下再分单瓣和重瓣，其下再分红莲、白莲和粉莲等组。常见的有洪湖红莲（cv. Honghu Rose）、西湖红莲（cv. Westlake Rose）、东湖白莲（cv. Donghu White）、千瓣莲（cv. Thousand Petal）、并蒂莲（cv. Twin Flower Lotus）等。

适应地区

全球广泛栽培。

荷花景观

生物特性

适应性强，喜热，不耐寒，叶具有冬枯现象，地下根状茎可在地下越冬；荷花生于浅水中，不耐旱，生长于湖泊、沼泽，多栽于大田、池塘和盆栽；要求土地肥沃、有黏性，要求全日照，不耐阴。物候期，长江流域4月上旬萌芽，5月具挺水叶，6~9月花期，花、果同期，9月藕熟，10月下旬叶枯，进入休眠；华南地区萌芽提早30~40天，休眠推迟20余天。

繁殖栽培

采用分藕和播种繁殖。在园林应用中，一般采用分藕繁殖。分藕繁殖时，如种植在池塘，用整枝主藕做种藕；如种于碗钵，种藕可用主藕、子藕和孙藕，分藕繁殖在清明前后为好。栽培前期池塘保持浅水，有利于升温，促进发芽生长。生长期在肥沃土地种植，可不施肥，如叶片出现黄瘦现象，注意施肥。杂草、藻类会危害荷花生长，应及时控制或清除。需保持阳光充足，阳光不足则只长叶而少开花。

景观特征

单株、单丛和群体种植观赏价值均高。单株姿态优美，圆形盾状的叶片青翠，叶面构造特别，水滴不粘，晶莹剔透，花大色艳。群体种植绿波浩瀚，气势不凡，清香远逸。

园林应用

荷花不枝不蔓，中通外直，出污泥而不染，迎骄阳而不惧，为人们所喜爱，广泛栽培于池塘、沼泽、碗钵，以营造园林景观、美化庭院、装饰阳台。

菊花

别名：食菊、甘菊、茶菊
科属名：菊科菊属
学名：*Chrysanthemum morifolium*

形态特征

多年生草本，高 60~150cm。全株密被白色茸毛。茎直立，基部木质化，上部多分枝，枝略具棱。单叶互生，具叶柄，叶片卵形或窄长圆形，边缘有短刻锯齿，基部心形。头状花序顶生或腋生，总苞半球形，绿色；舌状花着生花序边缘，舌片白色、淡红色或淡紫色，无雄蕊；雌蕊 1 枚；管状花位于花序中央，两性，黄色，先端 5 裂，聚药雄蕊 5 枚；雌蕊 1 枚，子房下位。瘦果柱状，一般不发育。花期 9~11 月，果期 l0~11 月。品种依形态、生长特性的不同，分为小白菊、大白菊、异种大白菊等不同品种。杭白菊为保健菊花品种，艾蒿（*Artemisia argyii*）的景观效果近于菊。

艾蒿景观局部

适应地区

我国中部、东部、西南部地区广泛栽培。

艾蒿景观

菊花枝叶特写

生物特性

短日照植物，在短日照下能提早开花。喜阳光，忌阴蔽，较耐旱，怕涝。喜温暖、湿润气候，但也能耐寒，严冬季节根茎能在地下越冬。花能经受微霜，但幼苗生长和分枝孕蕾期需较高的气温，最适生长温度约为20℃。宜选择阳光充足、排水良好、肥沃的沙壤土种植，低洼积水地不宜种植。

繁殖栽培

可用分根繁殖和扦插繁殖。常用扦插法，于4~5 月进行，选粗壮、无病虫害的新枝，截成 10~12cm 的插穗。分根繁殖，在 12 月将植株齐地剪掉，根部培土筑 5cm 高的土垄，待第二年幼苗长到 10~15cm 高时，把苗连嫩根挖出，即可移栽。生长期一般要打顶 1~3 次，促使多分枝。需肥量大，在打顶和现蕾时追肥，以利多开花，开大花。缓苗后要少浇水，6 月下旬后天旱要多浇水，尤其是孕蕾期前后，一定要保证有充足的水分，追肥后也要及时浇水。雨季应及时排除积水。

景观特征

叶片碧绿繁茂，花朵洁白，傲霜而放。

园林应用

适宜配植花坛、花境、篱旁，或山石前丛植，也可盆栽或做切花。高型品种适宜布置花坛、花境或做切花，矮型品种是做毛毡花坛和地被植物的好材料，也可点缀岩石园。

杭白菊景观

藿香

别名：排香草、土藿香
科属名：唇形科藿香属
学名：*Agastache rugosa*

形态特征

多年生草本，高0.5~1.5m。茎直立，四棱形，上部被极短的细毛，下部无毛，在上部具能育的分枝。叶心状卵形至长圆状披针形，长4.5~11cm，宽3~6.5cm，向上渐小，先端尾状长渐尖，基部心形，边缘具粗齿，纸质，上面橄榄绿色，近无毛，下面略淡，被微柔毛及点状腺体。轮伞花序多花，在主茎或侧枝上组成顶生密集的圆筒形穗状花序；苞片条状披针形；花萼管状倒圆锥形，5裂，裂片三角形，略呈紫色；花冠筒状，淡蓝紫色。小坚果矩圆形，黑褐色。花期8~9月，果期10~11月。

适应地区

各地广泛分布，常见栽培。

生物特性

适宜温暖、湿润的气候，于阴蔽处生长欠佳。适宜生长温度为16~30℃，耐寒，根在北方能越冬。一般土壤均可种植，但不宜在积水的低洼地种植。

藿香枝叶

藿香花序

繁殖栽培

播种或分根繁殖。多用播种繁殖，可春播，也可秋播。北方地区多春播，南方地区为秋播。分育苗移栽和直播，多数地区采用直播。长势强健，易于管理，多作地栽，生长期间要及时松土、锄草，苗高30cm时结合追肥封垄培土，并适当增加浇水次数。

景观特征

株丛直立繁茂，花色淡紫，花常开不衰，芳香袭人。

园林应用

用作花境、道旁、墙边等处绿化，具有极好的景观效果。

藿香花序

藿香景观

藿香景观

藿香景观

三褶虾脊兰

科属名：兰科虾脊兰属

学名：*Calanthe triplicate*

三褶虾脊兰花序

形态特征

多年生常绿草本。地生兰类；假鳞茎卵状圆筒形，长1~3cm，直径1~2cm。叶椭圆形或椭圆状披针形，长30~60cm，宽10cm；叶柄长达14cm。花葶发自叶腋，长达70cm或过之；总状花序密生多花；花直径1.5~2cm，白色或罕有淡紫红色，唇瓣上的胼胝体黄色或橙色；萼片近椭圆形，长9~12mm，宽4.5~5.5mm，背面被短柔毛，花瓣倒卵状，唇瓣基部与蕊柱整个边缘合生，深3裂，中裂片深2裂，距纤细，比花梗短，长约2cm。花期4~5月。相近种虾脊兰（*C. discolor*），花红色。

适应地区

广泛分布于我国华南、西南和台湾地区。

生物特性

喜温暖、湿润和半阴的环境，不耐干旱和高温，夏季宜凉爽，冬季不休眠，越冬温度为10~15℃。要求肥沃、疏松和排水良好的腐叶土或泥炭土。

繁殖栽培

分株繁殖。5月花后将假鳞茎挖出，剪掉老根和残枝，分成单个，贮藏在干燥、冷凉处，待新芽长到5cm时栽培。盆栽用腐叶土或泥炭土做基质，盆底部应填一些碎砖块，以利排水。生长期保持盆土湿润，每月施肥一次，当花茎从叶丛中抽出时，增施1~2次磷钾肥。花后应减少浇水量，盆土保持稍干燥。

景观特征

叶片宽大，略带皱褶，四季翠绿。白色的花茎从叶丛中抽出，亭亭玉立，美观大方。

园林应用

北方盆栽，华南地区可美化花坛边缘或于林下片植。

虾脊兰株形

三褶虾脊兰景观

紫花香殊兰

科属名：石蒜科文殊兰属
学名：*Crinum moorei*

紫花香殊兰花

形态特征

多年生球根花卉，高 1~1.5m。丛生状，地下有鳞茎。叶剑状披针形，叶背中肋凸出。夏季开花，花茎自叶丛中抽出，粗大且中空，伞形花序，花冠杯形，6 瓣，紫红色。

适应地区

广泛分布于我国华南、西南和台湾地区。

生物特性

全日照、半日照均可。喜高温、高湿，生长适温为 22~28℃。以富有机质的壤土或砂质壤土最佳，排水需良好。长江流域以北地区做室内盆栽。

繁殖栽培

分株繁殖。早春或晚秋分离母株四周发生的吸芽另行栽植，常 2~3 年分株一次。早春修剪老叶，植株丛生拥挤需分株栽植。开花前后需肥水量大，应及时补充。

景观特征

剑形叶片终年青翠，叶丛优美洁净，夏季抽生粗大花茎，紫色花娇艳而芳香。

园林应用

可做花坛、花境植物，适合路旁丛植或栽植于溪涧、石旁作自然点缀，颇有野趣。也可做大型盆栽。

紫花香殊兰株形

紫花香殊兰景观

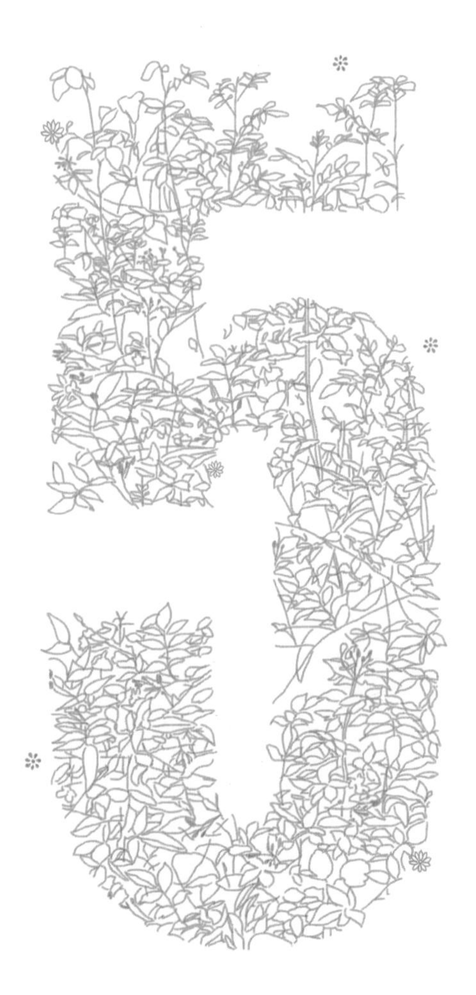

第五章

藤本类芳香植物造景

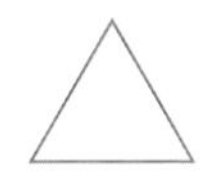

造景功能

藤本类芳香植物是立体绿化和香化兼备的植物，在园林造景中利用较广，其中紫藤、多花素馨、云南黄素馨应用尤其常见。许多种类在丛书的《藤蔓植物景观》一书中将有收录，本书收录较少。

鹰爪花

别名：莺爪、鹰爪兰、五爪兰
科属名：番荔枝科鹰爪花属
学名：*Artabotrys hexapetalus*

形态特征

攀援灌木，高达4m。无毛或近无毛。叶纸质，长圆形或阔披针形，长6~16cm，顶端渐尖或急尖，基部楔形，叶面无毛，叶背沿中脉上被疏柔毛或无毛。花1~2朵，淡绿色或淡黄色，芳香；萼片绿色，卵形，两面被稀疏柔毛；花瓣长圆状披针形，外面基部密被柔毛，其余近无毛或稍稀疏柔毛，近基部收缩；雄蕊长圆形，药隔三角形，无毛；心皮长圆形，柱头线状长椭圆形。果卵圆状，长2.5~4cm，直径约2.5cm，顶端尖，数个群集于果托上。花期5~8月，果期5~12月。

鹰爪花的果特写

适应地区

产于我国浙江、台湾、福建、江西、广东、广西和云南等地，多见栽培，少数为野生。

生物特性

喜光照充足，喜温暖，不耐寒，生长适温为18~28℃。宜选用疏松、肥沃、排水良好的壤土。

鹰爪花景观

鹰爪花的果特写

繁殖栽培

播种、压条或扦插法繁殖。多在每年春、秋两季进行，插枝容易生根。树性强健，耐修剪。生长旺盛阶段应保证水分的供应。

鹰爪特写

景观特征

枝叶四季青翠，枝蔓柔韧，叶片美观。花生于弯曲的钩枝上，腋出，状似鹰爪，成熟呈黄色，香气浓郁。

鹰爪花的花特写

园林应用

为阴棚优良植物，可用于庭院花架、花墙、绿篱，也可修剪成独立观赏树，与假山石配植能增加山林野趣。花可提取鹰爪花浸膏，用于香精和熏茶，果药用。

鹰爪花景观

鹰爪花景观

*** 园林造景功能相近的植物 ***

中文名	学名	形态特征	园林应用	适应地区
假鹰爪	*Desmos chinensis*	花黄白色，单朵与叶对生或互生	同鹰爪花	同鹰爪花

素馨类

科属名：木犀科素馨属
学名：*Jasminum* spp.

形态特征

木质藤本或藤状灌木。小枝细长柔弱，有棱角。叶对生，羽状复叶，小叶3~9片，椭圆状卵形或卵状披针形，先端钝或短尖，叶面深绿色。聚伞花序顶生，稀1朵；花梗长，苞片线性，花萼钟形，裂片4~5枚；花冠白色、黄色、少数粉红色，高脚碟状，裂片4~6枚；雄蕊2枚。花、果期从冬季持续到翌年春季，个别种类花期更长。种类和品种较多。

适应地区

产于我国各地，现广泛栽培。

生物特性

喜光，略耐半阴，全日照、半日照生长均好。喜温暖、湿润气候，不耐寒，华南以北地区须注意温暖过冬，生育适温为17~28℃。喜向阳环境和排水良好、肥沃、湿润的土壤，不耐干旱及积水，忌碱性土。

繁殖栽培

繁殖用扦插、压条、分株都容易成活，于早春进行。田间栽培素馨后加强管理，栽植后当年特别怕干旱，注意灌溉。在春、秋两季结合浇水施用肥料。栽培中要注意防止积水或过分干旱，同时注意防治卷叶蛾、大蓑蛾等虫害。

景观特征

枝叶茂密，花香浓而不腻，花色多样，枝条柔和飘逸，整株观赏价值较高，是立体绿化的好材料。

园林应用

适应能力强，生长健壮，枝条的萌发力也强。植株枝繁叶茂、花香四溢，在园林中可列植于围墙旁、遍植于山坡地或散植于湖塘边。也可做绿篱，是垂直绿化的好材料。

*** 园林造景功能相近的植物 ***

中文名	学名	形态特征	园林应用	适应地区
迎春	*Jasminum nudiflorum*	落叶灌木。枝条下垂。羽小叶3片。花黄色，单生于叶腋，先花后叶	同素馨类	我国中部和西南部地区
云南黄素馨	*J. mesnyi*	常绿藤状灌木。枝条下垂。3片小叶。花黄色，聚伞花序，先叶后花	同素馨类	我国各地栽培
探春	*J. floridum*	半常绿灌木。枝条下垂。羽状复叶具3~5片小叶。花黄色，聚伞花序，先叶后花	同素馨类	我国中部和北部地区
小黄馨	*J. humile* cv. Revolutum	常绿、半常绿灌木。枝条下垂。羽状复叶具3~7片小叶。花黄色，聚伞花序	同素馨类	我国华南、华东地区
素方花	*J. officinale*	半常绿灌木。枝条下垂。羽状复叶具5~9片小叶。花白色，聚伞花序	同素馨类	原产于我国西南地区

素馨花特写

素馨景观

探春果枝特写

小黄馨花枝

小黄馨景观

迎春花枝特写

迎春景观

迎春植物景观

云南黄素馨花特写

云南黄素馨景观

云南黄素馨景观

* 其他芳香植物简介 *

中文名	别名	学名	科名	形态特征	生物特征	园林应用	适应地区
玉簪	玉春棒、白鹤仙、白萼花	*Hosta plantaginea*	百合科	宿根草本。叶基生成丛，卵形至心状卵形，基部心形。总状花序顶生，花为白色，管状漏斗形，浓香	性耐寒，喜阴，忌阳光直射。不择土壤，但以排水良好、肥沃湿润处生长繁茂	色美如玉，芳香。做地被，阴生环境栽培，或配植于岩石边，也可盆栽	各地均有栽培
风信子	洋水仙	*Hyacinthus orientalis*	百合科	多年生草本。地下具球形鳞茎。叶厚，披针形。花茎略高于叶，中空，顶生头状花序；春季开花，花钟状，花色多，具浓香	性耐寒，夏季休眠，大球可水养。要求疏松、肥沃、排水良好的砂质壤土	植株低矮整齐，花色丰富。可盆栽或配置于小型花坛，还可提取芳香油	我国各地庭院均有栽培
绵枣儿	地枣、华海葱	*Scilla sinensis*	百合科	多年生宿根草本，高25~30cm。叶基生，线形，短于花葶。花葶高30~45cm，总状花序顶生，花小，多数紫红色或粉红色	喜光，耐半阴，较耐寒，耐旱。喜湿润环境，对土壤适应性强，适宜疏松、肥沃的砂质壤土	花香，用于布置春季花坛，也可种植于草坡或做林下地被，还可布置花境及岩石园	原产于中国
白穗花		*Speirantha gardenii*	百合科	多年生草本。根状茎圆柱形。叶4~8片，倒披针形。花葶高13~20cm，花白色。浆果近圆形，直径约5mm	喜温凉、湿润气候，要求富含腐殖质的酸性土壤，在林下、溪旁与阴山坡上生长良好	花具淡淡幽香，主要做地被使用，也可盆栽观赏	分布于江苏、浙江、安徽一带
郁金香	洋荷花、草麝香	*Tulipa gesneriana*	百合科	多年生草本。茎叶光滑，被白粉。叶3~5片，条状披针形至卵状披针形。花单朵顶生，直立杯形；6枚雄蕊等长，花丝无毛；无花柱，柱头增大呈鸡冠状	冬季喜温暖、湿润，夏季喜凉爽、干燥，适于向阳或半阴的环境。耐寒性强，但生根需在5℃以上	可布置花坛、花境，可做切花，也可盆栽，还可做专类园	我国各地广泛栽培
香柏	绿干柏、美洲柏木	*Cupressus arizonia*	柏科	乔木，在原产地高达25m。树皮红褐色，纵裂成长条形剥落。鳞叶斜方状卵形，蓝绿色，微被白粉。球果圆球形，暗紫褐色	喜温暖，较耐寒，耐干旱，耐贫瘠。要求阳光充足的生长环境	适合庭院种植，可孤植、列植	我国江苏、江西等地引种栽培
北美香柏	香柏、金钟柏	*Thuja occidentalis*	柏科	常绿乔木。叶鳞形，对生，揉碎有芳香。雌雄同株。球果红褐色。种子具翅	喜光，稍耐阴。较耐寒，喜凉爽、湿润的气候。耐瘠薄、干燥，不耐水淹	树冠优美整齐，园林上常作园景树点缀装饰，也适合做绿篱	分布在我国华东、华中、西南各地

*** 续表 ***

中文名	别名	学名	科名	形态特征	生物特征	园林应用	适应地区
灵香草	零陵香、香草	*Lysimachia foenumgraecum*	报春花科	多年生草本，高20~40cm，直立或匍匐。茎具棱或狭翅。叶互生，基部下延，表面密布棕色小腺点，干燥后香气浓郁。花单生于叶腋，花冠黄色。蒴果球形	喜阴凉、湿润，不耐高温，但能耐受-2℃低温。生于海拔1200m以上的深山林下及山谷阴湿地带	目前主要应用于医药、食用香料、香精、工业原料等生产领域	广西、广东、云南、四川、贵州、湖北、等地有分布
茶梅	早茶梅、山茶	*Camellia sasanqua*	山茶科	常绿灌木。树冠球形或扁圆形。嫩枝有粗毛。叶互生，椭圆形至长圆卵形，边缘有细锯齿，革质，叶面具光泽。花白色或红色，略芳香。蒴果球形，稍被毛	喜半阴、湿润环境，忌阳光过烈，稍耐寒。土壤黏重和排水不良时，会使根部发生腐烂。有一定的抗旱性。忌施肥过浓	可做常绿篱垣材料，开花时为花篱，落花后又为常绿绿篱。可丛植或布置成色块，也可盆栽观赏	原产于我国长江以南地区
蓝藿香	莳萝藿香、茴藿香	*Agastache foeniculum*	唇形科	一年生草本。叶对生，卵形，长7.5cm，边缘有锯齿。穗状花序淡紫色，顶生，边缘波状，萼片有刺。全株有茴香味	忌干旱及强光。不耐寒。喜温暖、湿润、排水良好的砂质壤土	可用于花坛或做镶边植物，也可盆栽	原产于北美洲及亚洲东部
神香草	柳薄荷、牛膝草	*Hyssopus officinalis*	唇形科	多年生草本至常绿灌木，高50~60cm。枝条直立，丛生性强。单叶窄披针形至线形，绿色。穗状花序，唇形花冠，花有紫色、白色、枚红等色	阳性，宜阳光充足处生长。喜温暖，不耐寒。土壤要求肥沃、排水良好、中性偏碱	可用于岩石园、草药园种植，也可组合盆栽观赏	我国有引种栽培
紫苞牛至		*Origanm hybridum* 'Ray Williams'	唇形科	宿根草本，高10~20cm。茎红褐色，全株密被细毛。叶对生，厚纸质，椭圆形，叶缘有不规则锯齿。伞房花序顶生，花冠紫红色。茎叶含特殊香气	喜温暖，耐高温，生长最适温度为16~26℃。以排水良好、腐殖质丰富的砂质壤土为好	可做地被，或缘栽于庭院小径两旁，也可盆栽，还可入药或做香料	为栽培种
马郁兰	马乔莲、甜马郁兰、香花薄荷	*Origanm majorana*	唇形科	多年生草本。茎红色。叶片少且小，卵形，顶端绿色、下部灰色，具香味。花白色至淡粉红色。种子细小，暗褐色	适合日照充足、通风、排水良好及中性砂质壤土	可布置香草园、草药园，也可盆栽	我国部分地区有引种栽培
紫藤	藤萝、朱藤	Wisteria sinensis	蝶形花科	落叶攀援灌木。羽状复叶，小叶卵状长圆形，幼时密生白细毛。总状花序，花蓝紫色，有香味。荚果密生柔毛	喜阳光，抗寒性强。耐水湿及干旱。喜深厚、肥沃、疏松的土壤。不耐移植	有香气，可作攀援绿化、制作盆景和桩景	国内外均有栽培

＊续表＊

中文名	别名	学名	科名	形态特征	生物特征	园林应用	适应地区
香豌豆	花豌豆、腐香豌豆	*Lathyrus odoratus*	蝶形花科	一、二年生蔓性攀援草木。全株被白色毛，茎棱状有翼。羽状复叶，仅茎部 2 片小叶，先端小叶变态形成卷须。花腋生，着花 1~4 朵，花大蝶形，旗瓣色深艳丽，并具斑点、斑纹，具芳香。荚果长圆形。种子球形、褐色	不宜冬季阴冷及过湿，要求阳光充足。喜冬暖夏凉而空气湿润的气候，最忌干热风吹袭。直根性，要求土层深厚，干燥	可做冬、春切花材料，制作花篮、花圈，也可盆栽供室内陈设，还可移植户外做垂直绿化材料，或做地被	我国有分布
香水花	香水树	*Cananga odoratus*	番荔枝科	常绿乔木。叶有柄，叶长卵形或长椭圆形，先端锐尖，全缘，长 13~19cm，被毛。花具强烈芳香，有梗，腋生，下垂；花瓣 6 枚，初淡绿后变黄色。浆果	喜温暖、多湿的环境，抗寒性较差，耐瘠薄	可布置芳香园，可作庭院绿化香化种植。花可蒸制香油	我国台湾多有栽培
匍匐香茶菜	绿翡翠	*Plectranthus prostratus*	唇形科	多年生草本。茎蔓性，红褐色。叶对生，肉质，长卵形，叶缘有齿	喜光，也耐阴。喜高温，不耐寒，最适合生长温度为 18~28℃。耐旱，以疏松的腐殖质土为佳	做园林地被或于室内悬吊盆栽	热带、亚热带地区有栽培
海桐	水香、七里香、宝珠香、山矾花	*Pittosporum tobira*	海桐科	常绿灌木，高 1~3m。树冠近似球形，全株有一种清淡的特殊气味。叶互生，革质，叶面浓绿色，具蜡质，极光亮，叶倒卵形至椭圆形，全缘。顶生伞房花序，小花白色轮生，后期变成黄色，有清淡的香味。蒴果	喜阳光，耐半阴至全阴环境，在温暖、湿润的环境生长最佳。有一定的耐寒性，在南方可露地越冬。能抗海潮和海风，耐轻度盐碱	南方多地栽，数株群植或做绿篱，北方均做盆栽	我国广泛栽培
金合欢	鸭皂树、牛角花、消息花	*Acacia farnesiana*	含羞草科	灌木，高 2~4m，多枝。叶 2 回羽状复叶，羽片 4~8 对，小叶 10~20 对，线状长椭圆形。头状花序腋生，直径 1.5cm，花黄色，芳香，可提取芳香油	喜温暖、湿润的气候，有较强的抗干旱能力。较不耐寒，耐水湿。在我国华南地区和福建南部等地能露地越冬	为重要的名贵香料，花含芳香油。多为散生的灌丛，有的用做刺篱，种在房屋周围	分布于我国浙江、福建、台湾、广东、广西、四川、云南等热带地区
香根草	岩兰草	*Vetiveria zizanoides*	禾本科	多年生草本。株丛紧密、丛生。根呈网状、海绵状须根，上面着生 0.5~1.5m 高的直立中空茎。叶剑形，较硬，狭长，光滑，但边缘有锯齿状凸起。花为圆锥花序，无芒，异性同株，两侧对称扁平	具有极强的抗逆性，生长迅速，根系发达。在非常贫瘠、紧实、强酸碱甚至有铝毒的土壤都能生长	可用于护坡、垃圾场、采石场等较难种植其他植物的场所绿化，也可用做地被	产于我国南方

＊续表＊

中文名	别名	学名	科名	形态特征	生物特征	园林应用	适应地区
长节珠	节荚藤、赫当杜	*Parameria laevigata*	夹竹桃科	木质藤本，长达10m。茎皮灰白色。叶薄纸质，椭圆形或卵圆形，有透明腺点。花序长达 14cm；花冠淡红色。蓇葖果生，长节链珠状，下垂。种子长圆形。花期 6~10 月，果期 10 月至翌年春季	生于山地疏林中或密林山谷潮湿地带，攀援于大树上	用于绿篱、棚架等立体绿化	我国云南有分布
鸡蛋花	缅栀子、蛋黄花	*Plumeria rubra* var. *acutifolia*	夹竹桃科	二年生草本花卉，高约1.2m。全株具粗毛。总状花序成串状辐射着生于枝梢，花冠为钟筒状，花色丰富，颇为美丽	喜温暖、湿润、阳光充足的环境，夏季不需遮阴，可放置于室外暴晒	夏季开花，清香优雅，适合于庭院、草地中栽植，也可盆栽。花香，可提香料，还可药用	我国已引种栽培
金香藤		*Urechites lutea*	夹竹桃科	常绿缠绕性蔓性藤本，具白色体液。叶对生，椭圆形，先端圆或微凸，全缘，革质，明亮富光泽。花腋生，花冠漏斗形，上缘 5 裂，金黄色，具微香	喜高温，生育适温为 22~30℃，冬季需温暖、避风，10℃以下须预防冻害	属小型藤蔓，适于盆栽、攀篱或小花架美化，不适合大型阴棚	原产于美国佛罗里达州、西印度
艳山姜	大草蔻	*Alpinia zerumbet*	姜科	多年生草本，高 2~3m。叶披针形。圆锥花序下垂，苞片白色，顶端及基部粉红色；花萼近钟形，白色，先端粉红色；花冠管较花萼为短，裂片长圆形，乳白色，先端粉红	喜高温、多湿的环境，不耐寒，怕霜雪，喜阳光，又耐阴。宜在肥沃而保湿性好的土壤中生长	花姿雅致，花香诱人，可盆栽装饰厅堂。可于庭院种植，还可切叶	广东等地有大面积应用
络石	白花藤、石龙藤、万字茉莉、墙络藤	*Trachelospermum jasminoides*	夹竹桃科	常绿木质藤本。具乳汁；小枝被黄色柔毛。叶对生，叶背被疏短柔毛。花多朵，组成圆锥状；花白色，芳香；花萼 5 深裂，裂片顶部反转；花盘环状 5 裂，与子房等长。蓇葖果	性强健，耐旱、耐阴、耐贫瘠。喜光，喜温暖、湿润气候，耐寒性不强。抗海潮风，忌水涝	可用于墙壁、岩面等攀附绿化，也可用于花柱、花廊、花亭的缠绕装饰。盆栽装饰室内，芳香袭人	原产于我国长江流域及其以南各省区
红姜花	红花月桃	*Alpinia purpurata*	姜科	多年生草本，全株有香气，高 1~1.6m。成株丛生状，地下有块茎。叶锐尖头披针形，长 30~40cm。花穗状，小花多数，鲜红色。花期夏至秋季	耐热、耐旱、较耐寒，华南地区能顺利越冬。性强健，不拘土壤	适合切花，做插花材料。此类植物由于植株易成丛，根部伸展宽阔，较适宜露地庭院栽培	南美洲和中国等地均能栽培

*** 续表 ***

中文名	别名	学名	科名	形态特征	生物特征	园林应用	适应地区
闭鞘姜	水蕉花	*Costus speciosus*	姜科	多年生宿根草本。顶部常分枝。茎圆有节，稍带紫红色。单叶互生，螺旋状排列，长圆形或披针形；叶鞘宽而封闭。花序状顶生，苞片红色，花白色，雄蕊花瓣状，白色，基部橙黄色。蒴果木质，红色	喜温暖、湿润气候，宜林下半阴、湿润地生长。喜湿润、疏松、富含腐殖质的土壤	可片植单独成景，可做花境、花缘材料	多分布于我国台湾、海南、广东、广西、云南等地
鳞甲姜		*Costus spiralis*	姜科	多年生球根草花。叶长椭圆形，顶端渐尖，中脉紫红色。穗状花序从叶中抽出，苞叶上部为桃红色阔卵形不育苞片，酷似荷花，下部为蜂窝状绿色苞片，内含白色小花	生性强健，喜高温、高湿，生长适温为22~30℃。适合种植于肥沃、疏松、排水好的壤土	苞片优雅美观，适于庭院片植、条植，可作大型盆栽，也是插花的好材料	世界各地有栽培
姜荷花		*Curcuma alsimatifolia*	姜科	多年生球根草花。叶长椭圆形，顶端渐尖，中脉紫红色。穗状花序从叶中抽出，苞叶上部为桃红色阔卵形不育苞片，酷似荷花，下部为蜂窝状绿色苞片，内含白色小花	喜高温、高湿，喜半阴和25℃以上的环境。种植前，根茎必须在30℃高温及高湿条件下放3周	可用做切花、盆花。花形、花色美丽，也可成片种植	广东珠海等地有切花栽培
白纹山柰	白纹沙姜	*Kaempferia gilbertii*	姜科	多年生草本，植株低矮，高 8~15cm。地下有黄色块茎。叶倒披针形，波状缘，叶缘有白色至淡绿色斑纹	耐阴，忌烈日直射，喜高温、高湿，最适生长温度为 22~32℃，冬季休眠，春季萌发	叶姿清丽，适于庭院阴蔽处做地被或盆栽，也可盆栽装饰室内	我国南方有栽培
孔雀沙姜	孔雀山奈	*Kaempferia pulchra*	姜科	多年生草本，高10~20cm。丛生，地下有根茎。叶歪椭圆形至卵形，叶面具有红褐色孔雀斑纹，边缘微卷曲。花茎自叶腋中抽出，花冠紫色，中心白色	耐阴，忌强烈日光直射。喜高温、高湿，生长适温为20~30℃	生长密集，适于庭院阴蔽处美化，也可盆栽装饰客厅、阳台、窗台等处	分布于广东及亚洲热带地区
火炬姜	瓷玫瑰、菲律宾蜡花	*Nicolaia elatior*	姜科	多年生球根花卉。在产地株高可达10m，一般栽培仅3~5m。叶互生，2 行排列，线状至长圆披针形，光滑。花茎高1~2m，花圆锥形球果状，蜡质，鲜红色或褐红色	喜高温、多湿，要求阳光充足，也耐半阴。生长适温为25~30℃，低于15℃则生长停滞	用于庭院片植、条植。也可做切花	分布于印度尼西亚、马来西亚、印度一带

*** 续表 ***

中文名	别名	学名	科名	形态特征	生物特征	园林应用	适应地区
蜡瓣花		*Corylopsis sinensis*	金缕梅科	落叶灌木，高约 5m。被柔毛。叶互生，叶椭圆形至长椭圆状卵形，边缘具波状小锯齿。总状花序下垂，先叶开放，花瓣阔匙形，蜡黄色，具幽香。蒴果卵圆形。花期 3~4 月，果期 9~10 月	喜温暖、湿润和有阳光的环境，较耐寒，也耐阴。宜栽植于富含腐殖质的酸性土壤上	是园林配置、环境绿化的优良观赏树种。根、皮可以入药	原产于我国长江流域以南地区
金缕梅	木里仙	*Hameamelis mollis*	金缕梅科	落叶灌木或小乔木，高可达 9m。细枝及叶背密生茸毛；裸芽有柄。叶倒卵圆形，长 8~15cm，基部歪心形，缘有波状齿。花瓣 4 枚，狭长如带，淡黄色，基部带红色，芳香。蒴果卵球形。2~3 月叶前开花	喜光，也耐阴。耐寒，畏炎热。常生于温暖、湿润、富含腐殖质的山谷林中	花形奇特，具芳香，早春先于叶开放，配置于庭院角隅、池边、溪畔、山石间及树丛外缘都很合适。花枝可以做切花	产于安徽、浙江、江西、湖北、湖南、广西等省区
金粟兰	鱼子兰、珍珠兰、鸡爪兰、真珠兰	*Chloranthus spicatus*	金粟兰科	草本、灌木或小乔木。叶对生，叶片长卵形或卵状椭圆形，具小托叶。花小，两性或单性，黄绿色，芳香，无花被	喜阴湿、温暖和通风的环境。适宜肥沃、疏松、腐殖质丰富的微酸性土壤。柔弱，浅根性，怕浓肥，忌暴晒	枝叶青翠，花香似兰，适宜做地被植物，也可配置于山石旁、墙角下等稍阴蔽处，还可盆栽	原产于我国广东、广西、福建等地，有自然分布，其他地区多盆栽
香堇菜		*Viloa odorata*	堇菜科	一、二年生草本，高 10~20cm。花茎短，自根基长出心形叶，周围为锯齿状，前端着生花朵，花色多	喜凉爽的气候，忌夏日暴晒和干燥，夏天宜放在半阴处。耐寒性强	可做花坛植物，或布置香花植物园，还可盆栽	原产于欧洲和北非、西亚
母菊	西洋甘菊	*Matricaria recutita*	菊科	一年生草本。分枝多，叶苹果香味。顶生头状花序，管状花黄色，花管 4 裂，舌状花白色，总苞苞片数列，花序托秃裸，半球形或圆锥形，花径 3cm	喜阳光充足、通风良好的场所。土壤宜中性或略碱性	最适合盆栽，也可用于花坛、花境，还可布置菊类专业园以及芳香植物园	原产于欧洲、亚洲、美洲、非洲各地
除虫菊	白花除虫菊	*Pyrethrum cinerariifolium*	菊科	多年生草本植物，高 45~60cm。主根圆锥形，侧根多数细长呈须状，淡褐色。茎直立。叶灰绿色，全株被白色柔毛。头状花序，单生于枝顶，边缘一轮为舌状花，白色，中央密集多数管状花，黄色	适宜在海拔 1400~2400m、年平均温度约 14℃、土壤pH 值约为 7 的地区种植	可用于配置花坛、花境、花缘或树木园内。盆栽置于室内，既美化又除虫	我国有栽培

*** 续表 ***

中文名	别名	学名	科名	形态特征	生物特征	园林应用	适应地区
指甲兰	仙人指甲	*Aerides odoratum*	兰科	多年生附生草本植物。叶较厚，带状，排列在茎的两侧。花序弯曲下垂，长约 50cm，花蜡质，芳香，先端有红色斑点，花径 2.5~3.5cm	喜高温、高湿的环境。室外养护需遮阴一半。冬季北方越冬最低温度 15℃以上	布置专类兰园，适合生长在树木稀疏、光照好的树木园内，也可盆栽	我国南方地区常见
白芨	凉姜、紫兰	*Bletilla striata*	兰科	多年生草本。假鳞茎黄白色，具多个同心环形叶痕。叶 4~6 片自假鳞茎顶端伸出，互生，基部下延成鞘状抱茎。总状花序顶生，着花 3~10 朵，花淡紫红色，花被片 6 片，不整齐	喜凉爽、湿润和通风透光，忌酷热、干燥和阳光直晒	可在林缘或岩石园中自然式丛植，也可于花坛边缘或林下片植。北方盆栽作为客厅、书房、案头盆花，淡雅别致	长江流域以及西南等省区均有分布，北京和天津有栽培
待宵草	月见草、山芝麻	*Oenothera odorata*	柳叶菜科	草本。茎不分枝或自莲座状叶丛斜生出分枝。叶被柔毛。花序穗状，花疏生于茎及枝中部以上的叶腋，苞片叶状，花瓣黄色，基部具红斑。蒴果	喜温暖、湿润气候，喜生于阳光充足处，也较耐阴，忌夏季燥热、干旱，有一定的耐寒性	布置公园小径两侧的花径、花境，也可用于花坛镶边，片植于稀疏林下，还可做小盆景	我国各省区有栽培，且逸为野生
蜡花黑鳗藤	多花黑鳗藤、簇蜡花	*Stephanotis floribunda*	萝摩科	多年生常绿蔓性藤本。叶对生，长椭圆形，叶面有蜡质层，亮绿色。伞形花序腋生，花冠长管状，5 裂，裂片尖端稍反卷；花白色，蜡质，有芳香。果实椭圆形	喜高温，不甚耐旱，不耐寒。喜光照，如果室内有充足的散射光也能生长良好	适合栅栏、阴棚及凉亭、花廊等处作攀附或垂直绿化，在通风、透光良好的厅堂可盆栽，也可做成花束	原产于马达加斯加群岛
夜香藤	夜来香、夜香花	*Telosma cordata*	萝摩科	木质藤本。全株有乳汁。单叶对生，卵圆形、卵状长圆形或宽卵形。聚伞花序腋生；花萼合生，具毛；花冠黄绿色，合生成花冠筒，花冠 5 裂，裂片卵圆形，有清香。蓇葖果	喜温暖、湿润气候，不耐寒、不耐旱。喜阳光充足的环境。忌积水	是庭院、阳台绿化极为理想的香花植物，适合于棚架、栅栏、墙垣、凉亭等处攀附绿化。花可食用、入药	我国南方各地有栽培
大夜香藤	大夜香花	*Telosma odoratissima*	萝摩科	常绿草质藤本。叶对生，心形，微凹，先端歪尖，全缘。聚伞花序腋生，花冠漏斗状，5 裂，黄绿色，倒垂状，有芳香。春末至秋季均能开花	喜光，不耐阴。喜高温、高湿，生育适温为 22~32℃。以排水良好、疏松、肥沃的砂质壤土为佳	适于小花架美化及大型盆栽，不适合阴棚	我国台湾等地有栽培

*** 续表 ***

中文名	别名	学名	科名	形态特征	生物特征	园林应用	适应地区
菲律宾常山	白茉莉、臭牡丹、山茉莉	*Clerodendrum fragranshua*	马鞭草科	直立灌木，高 1~3m。叶柄长；叶片卵形，边缘具齿。聚伞花序，小花粉色。核果。花、果期 4~10 月	喜阳光。耐臭氧，耐旱，喜温暖、不耐寒。喜湿润的土壤	花香，可做林下地被，孤植、丛植于水边。全株可入药	原产于菲律宾、中国等地
海州常山	臭梧桐、泡花桐	*Clerodendrum trichotomum*	马鞭草科	落叶灌木或小乔木。嫩枝被毛。单叶对生，叶卵圆形，全缘或有波状齿；叶柄长。聚伞花序，花萼红色 5 裂，花冠长筒状，白色或粉色。核果球状，蓝紫色	喜光，耐阴，较耐寒，耐旱。适应性强，不择土壤，耐湿，耐盐碱	红、白、蓝 3 色共存，色泽亮丽，适宜布置于庭院，丛植、孤植皆宜	分布于我国华北、华东、中南及西南各地
软枣猕猴桃	软枣子、猕猴梨	*Actinidia arguta*	猕猴桃科	落叶木质藤本。枝蔓长达30m。叶椭圆状卵形，边缘具锐锯齿。聚伞花序腋生；花瓣 5 枚，白绿色至黄绿色，具淡香。蒴果	喜阳光充足，也耐半阴。喜温暖，耐严寒。喜微潮偏干的土壤，稍耐旱	用作垂直绿化。花可提取香精，果实可食	我国各地均可种植
木通	小木通、川木通、油木通、白木通	*Clematis armandii*	毛茛科	常绿木质大藤本。茎长达6m。三出复叶，小叶窄卵形。圆锥状聚伞花序，具多花，常比叶长；萼片通常 4 枚，白色，偶带紫红色；宿存花柱长达 5cm，被白色长柔毛。花期 3~5 月	生于 100~1600m的山坡、山谷、林下及灌丛中。喜温暖，不耐严寒	花香型植物，适宜用于棚架、篱栏、绿亭、绿廊美化	产于长江流域及其以南地区和甘肃及陕西等地
木莲		*Manglietia fordiana*	木兰科	常绿乔木，高达 20m。幼枝、芽、叶片下面、叶柄、果柄均具红褐色短毛。叶革质，窄倒卵形至倒披针形，长 8~16cm。花形如莲花，白色带紫，5 月开花。果红色卵形	喜温暖、湿润气候及肥沃的酸性土壤。幼年耐阴，长大后喜光。在低海拔干热地方生长不良	树姿优美，花大芳香，果实鲜红，可配植于庭院前后，列植、孤植均可	浙江、安徽、江西、福建、云南等地
厚朴		*Magnolia officinalis*	木兰科	落叶乔木，高15m。树皮紫褐色，厚且有辛辣味。叶片大，椭圆形。花白色芳香，单生于枝顶，与叶同时开放，花被片肉质而厚，分 3 轮排列，外轮长圆状倒卵形，内两轮匙形，雄蕊花丝红色。聚合果，顶端有向外弯的喙。外种皮鲜红色	喜凉爽、湿润和阳光充足的环境，耐寒，怕高温、干旱和积水，幼苗怕强光。以肥沃、疏松的壤土为宜	为庭院观赏树，可列植，也可单独成林，树皮是名贵中药材	中国特有的珍贵树种，主要分布于甘肃、陕西、湖北、四川、贵州、广西等省区

＊续表＊

中文名	别名	学名	科名	形态特征	生物特征	园林应用	适应地区
红花木莲	芙木莲、大木莲	*Manglietia insignis*	木兰科	常绿阔叶乔木，高30m。叶长圆状椭圆形，长10~20cm，宽4~7cm。花被片9~12片，外轮3片，褐色腹面带红色，内轮6~9片，白色稍带乳黄色，花瓣形似调羹，幽香扑鼻。聚合果呈红色。种子包果瓣内。花期5~6月	耐阴。喜湿润、肥沃的土壤	花艳丽，果大而鲜红，是理想的庭院观赏树种	国家二级保护树种，分布于我国广西、云南、贵州和湖南省西南部等地
深山含笑	光叶木兰、光叶白兰、莫氏含笑	*Michelia maudiae*	木兰科	常绿乔木，高达20m。树皮浅灰色或灰褐色。芽、幼枝、叶面均背白粉。花被片9片，长倒卵形，白色，芳香。聚合果长10~12cm，果梗长1~3cm。花期2~3月	喜空气湿度较高的环境。宜选深厚、疏松、肥沃的酸性沙壤土	用于园林观赏、环境绿化和做街道树等，孤植、列植、群植均宜，与木莲、木莅和玉兰配植更为适合	原产于浙江、福建、广西等地
观光木	香花木、宿轴木兰	*Tsoongiodendron odorum*	木兰科	常绿乔木，高达25m。树皮具深皱纹。叶互生，全缘，椭圆形，中脉被小柔毛；托叶与叶柄贴生，托叶痕几达叶柄中部。花两性，单生于叶腋，淡紫红色，芳香。聚合膏葖果长椭圆形。种子具红色假种皮。花期3~4月	弱阳性树种，幼龄耐阴，长大喜光，根系发达。喜温暖、湿润气候及深厚、肥沃的土壤	可做风景树、行道树、林阴树和草坪树	产于我国热带和亚热带地区
秀英花	扭肚藤、白花茶	*Jasminum amplexicaule*	木犀科	攀援灌木，高1~7m。小枝圆柱形，被毛。单叶对生，纸质，卵形或卵状披针形，两面被毛。聚伞花序，花微香，花冠白色，高脚碟状。果长圆形，黑色。花期4~12月	喜温暖，不耐寒。常生于低海拔地区的灌木丛、混交林及沙地	适合做立体景观植物	产于广东、广西、海南、云南
大花素馨	大花茉莉、四季素馨、玉芙蓉	*Jasminum grandiflorum*	木犀科	常绿或半常绿攀援状灌木。奇数羽状复叶对生，小叶卵状披针形。花单生或数朵成聚伞花序，白色，具浓香。浆果。花期4~6月	喜温暖，不耐寒。喜日光充足的环境，较耐阴。喜微潮偏干的土壤	适宜用来装点花境，可配植于假山、岩石园中。温带地区可盆栽	原产于非洲西北部、亚洲南部
山素英	山秀英、白鹭鸶花	*Jasminum hemsleyi*	木犀科	常绿蔓性藤本，全株光滑。叶对生，革质，卵状披针形，全缘。聚伞花序顶生或腋生，花冠裂片线状披针形，白色，中央有小圆洞	喜高温，不耐寒，生育适温为18~28℃。喜光，较耐阴，耐旱。适合含腐殖质丰富的壤土	花期长，清雅馨香，适宜做绿篱、盆栽，或蔓生密植，还可做香料	原产于中国、印度、日本

*** 续表 ***

中文名	别名	学名	科名	形态特征	生物特征	园林应用	适应地区
滇丁香		*Luculia intermedia*	茜草科	常绿灌木，小枝幼时被柔毛。叶对生，椭圆形至倒披针形，背面疏被柔毛；托叶早落。伞房花序顶生，被短柔毛，具多花，花粉红色，极芳香；萼筒陀螺状，花冠高脚碟状。蒴果倒卵状长圆形。花期5~10月	喜光，也较耐阴。喜温暖、湿润的气候。成年植株较耐寒，幼苗耐寒力弱。对土壤要求不严，以排水良好、疏松的砂质土为好	适合于疏林下、草坪边、水边、庭院和花坛中配植，也可列植为花篱	产于云南西部地区海拔1350~2000m的山地
木香	七里香、锦棚儿	*Rosa banksiae*	蔷薇科	木质藤本，长可达10m。奇数羽状复叶，小叶3~5片，间或有7片，椭圆形至椭圆状披针形。伞房花序，花梗细长光滑，花冠单瓣或重瓣，花白色或黄色，有香气，春季开花。果实球状，红色	喜阳光、温暖的环境。怕涝，较耐寒。繁殖主要用压条法	优良的垂直绿化植物，可做切花和佩带装饰。花朵还可熏茶和提取芳香油	原产于我国西南一带
七姐妹	刺蘼、刺红、买笑	*Rosa cathayensis*	蔷薇科	落叶灌木。植株丛生，茎具蔓性，多刺。叶互生，奇数羽状复叶。花有红、白、黄、紫、黑五色，红色居多，黄蔷薇为上品，春末、夏初开放，具芳香	喜阳光充足。耐寒，怕湿，忌涝，喜肥，也耐贫瘠	园林中、庭院内可配置于花架、花格、绿廊、绿亭，也可植于围墙、院墙旁，用于攀附	我国各地均有栽培
木瓜	木瓜海棠、海棠、铁脚梨	*Chaenomeles sinensis*	蔷薇科	落叶灌木或小乔木，高5~10m。单叶互生，椭圆形。花单生于叶腋，淡粉色。梨果长椭圆形，暗黄色，具芳香。花期4~5月，果期9~10月	喜温暖、阳光充足的环境，较耐寒。耐干旱，忌水渍，喜微潮的土壤	在庭院中列植、孤植均可，即观花又观果。果实还可入药	原产于我国山东、湖北、浙江，以山东菏泽最盛，现长江流域以南各地均有栽培
多花素馨	白馨、白花素馨、鸡爪花	*Jasminum polyanthum*	木犀科	落叶藤本。枝蔓可达10m。奇数羽状复叶对生，小叶披针形至狭卵形，纸质。聚伞花序，小花花蕾粉色，开后白色，有芳香。浆果	喜温暖、多湿，忌干旱。忌高温，怕寒冷。喜阳光充足	北方可盆栽，南方可用于棚架、墙垣的立体绿化	原产于我国四川、云南等地
贴梗海棠	铁脚海棠	*Chaenomeles speciosa*	蔷薇科	高约2m。枝直立或平展，有刺。叶卵形或椭圆形，托叶大而明显。花米红色，先叶而开或与叶同放。花期2~4月	适生于深厚、肥沃、排水良好的酸性、中性土，耐旱，忌湿，耐修剪，萌生根蘖能力强	花色艳丽，适于庭院、墙隅、路边、池畔种植，也可盆栽观赏	原产于我国陕西、甘肃、河南、山东、安徽等省

*** 续表 ***

中文名	别名	学名	科名	形态特征	生物特征	园林应用	适应地区
多花蔷薇	蔷薇、买笑、牛棘、野蔷薇	*Rosa multiflora*	蔷薇科	落叶攀援状灌木，高 1~2m。奇数羽状复叶，小叶倒卵圆形。圆锥状伞房花序，小花白色，具芳香。蔷薇果球形，红褐色，具光泽。花期 5~6 月	喜潮湿，稍耐旱。喜强光，也耐半阴。喜温暖，较耐寒	适合于花篱、绿廊、假山、坎坡等处绿化	原产于中国、朝鲜、日本
空心泡	龙船泡、蔷薇莓、三月泡	*Rubus rosaefolius*	蔷薇科	落叶灌木。小枝疏生皮刺。单数羽状复叶互生，小叶披针形或卵状披针形，两面疏生柔毛，有浅黄色腺点；叶柄和叶轴均有短柔毛和小皮刺。花 1 朵腋生或顶生，白色，具芳香。果实卵球形，红色	喜温暖，怕严寒。喜日照充足，较耐阴。喜疏松、肥沃、排水良好的壤土	可丛植用做绿篱，也可修剪成盆栽	分布我国华中、华南等地区
番茉莉	鸳鸯茉莉、两色茉莉	*Brunfelsia acuminata*	茄科	常绿小灌木，高约1m。分枝多。叶互生，长椭圆形，全缘。花单生或呈聚伞花序，蓝紫色，后变白色，具芳香。花期 4~6 月	喜温暖、湿润气候，不耐寒，喜光。适于微酸性壤土	可列植、片植布置花境、花缘，也可盆栽观赏	我国南方有栽培
金银花	忍冬、双花、二色花藤	*Lonicera japonica*	忍冬科	常绿或半常绿缠绕藤本。枝中空，幼枝暗红色，密被黄褐色腺毛。叶对生，卵形，幼时被毛。双花生于叶腋，花冠由白变黄，具芳香。花期 4~6 月	喜阳，也耐阴。耐寒性强。耐干旱，也耐水湿，对土壤适应性较强。	可用于棚架、围墙等垂直绿化。已培养出许多木本类型的盆栽	原产于我国
香忍冬	圆盾状忍冬	*Lonicera periclymenum*	忍冬科	落叶藤本。茎有时长达 6m。叶片卵形，有时具柔毛，叶表面亮绿色，叶背面淡粉色，每对叶分离。花色丰富，有红色、黄色、白色等，具芳香。浆果红色。花期春、夏季	喜温暖、湿润、光线良好的环境	园林配植、垂直绿化、盆栽观赏等	原产于欧洲及北非和西亚地区
香荚迷	香探春、探春、翘兰	*Viburnum farreri*	忍冬科	落叶灌木，高达3m。叶椭圆形，叶缘有锯齿。圆锥花序，花冠高脚碟状，筒长 7~10mm，白色，芳香。果红色，矩圆形。花期 4~5 月，果期 6~7 月	喜温暖，较耐寒，耐阴，不耐涝。根系发达，对土壤要求不严	在北方适宜庭院种植，也可植于草坪、林缘，还可做插花材料	产于河南、河北、甘肃、新疆等地

* 续表 *

中文名	别名	学名	科名	形态特征	生物特征	园林应用	适应地区
珊瑚树	法国冬青、避火树	*Viburnum odoratissimum*		常绿灌木或小乔木，高达2~10m。树冠倒卵形，全体无毛。叶长椭圆形。圆锥状花序顶生，花白色，芳香。核果椭圆形，深秋变红色，状如珊瑚。花期5~6月，果熟期9~10月	喜温暖、湿润和阳光充足的环境，较耐寒，稍耐阴。在肥沃的中性土壤中生长最好	可孤植，在园林中可作为绿墙、绿篱，装饰墙面。抗污性强，是工厂绿化、四旁绿化的好树种	产于我国华南、华东、西南等地，长江流域各地均有栽培
岩茴香	山茴香	*Carlesia sinensis*	伞形科	多年生草本。基生叶多数，矩圆形，3回羽状全裂，最终裂片条形，边缘内折。花莛多数，复伞形花序顶生；花白色；花瓣倒卵形，顶端2裂，基部收缩。双悬果矩圆状卵形，有疏毛，果棱丝状	喜光，较耐阴。耐高温，不畏寒，喜潮湿，较耐寒。生于海拔700m以上的岩石缝中及山坡草丛中	可布置专类香草园、草药园，也可用于岩石园及林缘	在我国仅分布于辽宁、山东省，为一个稀有种
香雪球	小白花	*Lobularia maritima*	十字花科	多年生草本作一年生栽培，高5~12cm。多分枝，铺散状，冠幅可达25cm²。总状花序顶生密集，花后延长，花小，白色或淡紫色	喜冷凉，忌炎热，要求光照充足，稍耐阴。忌涝，较耐干旱、瘠薄。宜疏松土壤	可用做盆栽，或美化花坛	原产于地中海沿岸地区
土沉香	牙香树、白木香、女儿香	*Aquilaria sinensis*	瑞香科	常绿乔木，高6~20m。树皮暗灰色，易剥落。叶革质，卵形，长5~10cm，宽2~5cm。伞形花序顶生或腋生；花芳香，被柔毛。蒴果倒卵圆形。种子基部具尾状附属物	弱阳性树种，喜高温、多湿的热带和南亚热带季风气候。喜土层厚、腐殖质多而疏松的壤土	可做行道树，在庭院中可列植，也可片植于公园单独成林	分布于广东、广西及云南南部
天胡荽		*Hydrocotyle sibthorpioides*	伞形科	多年生矮小草本，有气味。茎细长而匍匐。叶互生，圆形或肾形，边缘有钝锯齿，下面通常有柔毛。单伞形花序与叶对生，生于节上；每个伞形花序有花10~15朵，花瓣卵形，绿白色。双悬果。花期5月	生于潮湿路旁、草地、山坡、墙脚、河畔、溪边	可用做草坪植物，也可用于专类香草园。还可提取香精，可入药	分布于长江流域及其以南地区
桂竹香	香紫罗兰、黄紫罗兰	*Cheiranthus cheiri*	十字花科	多年生草本花卉，常作二年生栽培，高35~50cm。茎直立。叶互生，披针形，全缘。总状花序顶生，花瓣4枚，具长爪；花色橙黄或黄褐色、两色混杂，有香气。果实为长角果。花期4~6月	耐寒。喜向阳地势和冷凉、干燥的气候。畏涝，忌热，雨水过多生长不良	可布置花坛、花境，又可做盆花	原产于南欧，现各地普遍栽培

＊续表＊

中文名	别名	学名	科名	形态特征	生物特征	园林应用	适应地区
紫罗兰	草桂花、草紫罗兰	*Matthiola incana*	十字花科	一、二年生或多年生草本，高 20~70cm。全株有灰白色柔毛。茎直立，多分枝。叶互生，矩圆形或倒披针形。总状花序顶生或腋生，花瓣 4 枚，有长爪；花有紫红、淡红、淡黄、白色等，微香。花期 4~5 月	较耐寒，喜冬季温和、夏季凉爽气候，怕暑热。喜肥沃、深厚而湿润的土壤	供盆栽或切花观赏，也可布置花坛、花境或花带	我国南方地区较多栽培
百子莲	百子兰、非洲百合、紫君子兰	*Agapanthue africanus*	石蒜科	多年生草本。有鳞茎。叶基生，带状。花茎直立，高可达 60cm；伞形花序，有花 10~50 朵，花漏斗状，深蓝色，花药最初为黄色，后变成黑色。花期 7~8 月	喜温暖、湿润、充足的阳光。稍耐寒，冬季须5℃以上越冬	温暖地区可布置花坛、花境，也可盆栽	我国各地有栽培
红花文殊兰	美丽文殊兰	*Crinum amabile*	石蒜科	多年生常绿草本，高1.5~2m。叶呈莲座状生长，宽带状长披针形，纸质，绿色，全缘。伞形花序，腋生；花瓣 5 枚，长条形，长 14cm，白色至淡紫红色，芳香。花期 3~9 月。开花而不结实	喜高温、高湿、阳光充足的环境。较耐阴蔽和干旱，耐瘠薄，生长适温为18~30℃。喜肥沃的酸性土壤	可条植于水塘、小型湖泊的周围，或庭院小径两旁，也可盆栽	原产于苏门答腊
文殊兰	十八学士、文珠兰	*Crinum asiaticum*	石蒜科	多年生常绿草本。有大型鳞茎，鳞茎有毒。叶多数，条状，簇生于茎端。花葶腋生，高可达 1m，伞形花序，有花 10~24 朵；花白色，有香气，花被线形，花微下垂	喜温暖、湿润和充足的阳光。北方可夏季露天栽培，冬季移入室内。有适当抗盐碱的能力	温暖地区可供庭院种植观赏，冷凉地区做温室盆栽花卉	原产于亚洲热带地区
亚马逊百合	南美水仙、大花油加律	*Euchairs grandiflora*	石蒜科	多年生草本，高 40~60cm。具被膜鳞茎。叶基生，具长柄，椭圆状披针形。伞形花序，小花纯白色，芳香。蒴果	喜温热环境，怕寒冷。喜光照充足，耐半阴。宜微潮偏干的土壤	南方地区可于庭院种植，布置花境，也可点缀草坪，北方只能盆栽观赏。还可做切花	原产于哥伦比亚至秘鲁
雪花莲	小雪钟，铃花水仙、雪地水仙	*Galanthus nivalis*	石蒜科	株高 5~15cm。地下部为鳞茎。有数个原种和较多的杂交品种。花着生于花茎顶端，花朵下垂，花瓣 6 枚，白色，内 3 瓣较小，外层 3 瓣较大，叠成杯状，花瓣顶端中部有绿色斑点。花期 3~4 月	性耐寒，喜凉爽气候和肥沃、湿润、富含腐殖质的砂质壤土	可用于装点花坛、花境，或簇栽于草坪上，也可盆栽	原产于欧洲和小亚细亚地区的温寒带地区

＊续表＊

中文名	别名	学名	科名	形态特征	生物特征	园林应用	适应地区
秘鲁蜘蛛兰	蜘蛛花	*Hymenocallis calathina*	石蒜科	多年生草本，高可达60cm。具鳞茎。叶基生，带状，半直立。伞形花序，小花白色，有时内侧具绿色条纹，具芳香。蒴果。花期夏季	喜温暖，怕严寒，10℃以上越冬。喜光照，稍耐阴。喜湿润，较耐旱	主要盆栽	原产于秘鲁
蜘蛛兰	美丽水鬼蕉、美丽蜘蛛兰	*Hymenocallis speciosa*	石蒜科	多年生草本。叶基生，条形。花葶高 30~70cm，顶生伞形花序；雄蕊连合成杯状的副冠，形似蜘蛛，故得名，花白色有香气。花期夏、秋季	喜温暖、潮湿和光线充足。对土壤的适应性强，可用腐殖土盆栽	温暖地区适合庭院栽培；北方温室盆栽，供观叶及赏花	原产于美洲热带地区
丁香水仙	灯心草水仙、长寿花或黄水仙	*Narcissus jonquilla*	石蒜科	多年生草本，高30~50cm。叶基生，细长，浓绿色。伞形花序，小花鲜黄色，具浓香。蒴果。种子黑色	喜凉爽，忌高温，夏季植株休眠。喜湿润的土壤环境	布置花境、花坛，亦可盆栽。花朵芳香，可做插花材料	分布在西班牙东部、丹麦、阿尔及利亚等地
水仙	天葱、凌波仙子、雅蒜	*Narcissus tazetta* var. *chinensis*	石蒜科	多年生草本，高约 50cm。叶片少数，没鳞茎 4~6 枚。花葶自叶丛中抽出，中空，伞形花序，小花白色，具芳香。蒴果	喜温暖、湿润气候。需充足的肥水，忌水淹，夏季休眠。喜光。要求土质深厚、疏松的壤土	花色淡雅，花香浓郁，可点缀园林绿地，也可盆栽。尤其适宜室内水养，还可做切花	原产于中国，现世界各地有栽培
晚香玉	夜来香、月下香	*Polianthes tuberosa*	石蒜科	多年生鳞茎草花，高约80cm。叶基生，披针形，基部稍带红色。总状花序，具成对的花 12~18 朵，自下而上陆续开放；花白色，漏斗状，有芳香，夜晚更浓，故名夜来香。蒴果。花期 5~11 月	喜温暖、湿润、阳光充足的环境，较耐盐碱	可用于花坛、花境，做切花也佳	各地均有栽培
香石竹	康乃馨、麝香石竹、洋丁香	*Dianthus caryophyllus*	石竹科	草本。有分枝，被蜡状白粉。茎节明显膨大。叶对生，线形至广披针形。花单生或 2~6 朵聚生于枝顶，芳香；花瓣 5 枚，花色多样，还有重瓣种	喜干燥、通风的环境，夏季高温多雨则生长不良。耐寒性弱，但能抗轻霜。喜冬季温暖、夏季凉爽的气候	主要用于切花生产，也可用于庭院栽培观赏	广泛栽培于中纬度平原和低纬度高海拔地区

*** 续表 ***

中文名	别名	学名	科名	形态特征	生物特征	园林应用	适应地区
白睡莲	白花睡莲、欧洲白睡莲	*Nymphaea alba*	睡莲科	多年生浮水草本。具匍匐根状茎。叶近圆形，基部深裂，全缘，革质。花单生，浮于水面，白色，具芳香。浆果卵形，海绵质。种子卵圆形，坚硬。花期 6~9 月，果期 7~10 月	水生植物，不耐旱。喜光照充足、温暖的环境，怕冻害	可用来装饰池塘、湖畔，也可用作盆栽观赏	我国广泛种植
白花马蹄莲	马蹄莲、水芋、慈姑花	*Zantedeschia aethiopica*	天南星科	多年生草本，高 40~80cm。叶基生，叶片卵状箭形；叶柄长，基部鞘状。花序梗自叶丛中抽出，顶生约 10cm 的肉穗花序，佛焰苞白色或乳白色，呈马蹄形；花小，单性，无花被，芳香。浆果，近球形。花期 11 月至翌年 5 月，尤以 3~4 月最盛	喜温暖、湿润的环境，不耐寒，不耐旱。能在沼泽地、水湿地生长，在富含腐殖质的砂质壤土上生长健壮	可盆栽观赏，花、叶俱佳，也可做切花。华南地区可露地种植	我国各地有栽培
香白掌	柏氏白鹤芋、白帆	*Spathiphyllum patinii*	天南星科	多年生草本。叶基生，叶柄细长，约 20~25cm；叶片椭圆状披针形，有一长尖，长 20~25cm。佛焰苞片白色，或具绿色条纹，长圆状披针形，长约 7.5cm	喜温暖、空气湿润、阴蔽的环境，忌强光直射，不耐寒	用于盆栽和切花	各地广泛栽培
月光花	夜光花	*Calonyction aculeatum*	旋花科	多年生攀援草本。枝蔓可达 10m。茎无毛，具乳汁。单叶互生，卵圆形，全缘或具浅齿。花单生，或呈聚伞花序，花白色，芳香，夜开晨合；蒴果。花期 6~9 月	喜温暖，不耐寒，喜光照，较耐阴。耐干旱、贫瘠	可在庭院沿围墙或栅栏种植，也可盆栽	我国引种栽培
小苍兰	香雪兰、洋晚香玉、小菖兰	*Freesia hybrida*	鸢尾科	多年生宿根草本，高 30~50cm。具球茎。叶基生，狭剑形，全缘。花径细长，穗状花序顶生；小花直立，色多、香浓。蒴果	喜凉爽与光照充足的环境。忌高温，不耐寒。秋季萌芽，冬春开花，夏季休眠	主要是做盆花和切花。温暖地区可用于花坛、花境，还可片植	原产于南非好望角
山小桔		*Glycosmis parviflora*	芸香科	灌木或小乔木。叶通常为 3 片复叶；小叶长圆形或倒卵状椭圆形。聚伞圆锥花序腋生或顶生，花序轴、花梗及萼片外面被褐锈色短茸毛；花细小，白色或淡黄色。浆果淡红或朱红色	喜温暖，较耐寒。耐旱，宜肥沃、富含腐殖质的壤土	可用于庭院孤植点缀，或列植于小径旁	分布于我国华南、西南各省区及台湾等地

*** 续表 ***

中文名	别名	学名	科名	形态特征	生物特征	园林应用	适应地区
香因芋	荷兰红绣球珊瑚、日本因芋	*Skimmia japonica*	芸香科	常绿灌木。叶革质光亮。圆锥花蕾未开放时为紫红色，花径大，花期特别长，11月至翌年5月，春天开放时颜色为淡粉红色、花药黄色	喜温暖和阳光较充足的环境，非常耐阴，耐寒性强。喜湿润，肥沃和排水好的壤土	适合做室内盆花，也适合做绿篱或地被色块、球类点缀	产于我国和日本
山胡椒	牛筋树、雷公子、假死柴、黄叶树	*Lindera glauca*	樟科	落叶小乔木或灌木，高达8m。小枝灰白色。单叶互生，宽椭圆形或倒卵形，全缘，背面苍白色，被灰白色柔毛，叶片有香气。伞形花序腋生，花黄色，小。果球形，黑褐色，有香气。花期3~4月，果熟期9~10月	喜光，耐干旱、瘠薄，对土壤适应性广。深根性	良好的观赏树、高篱树种	广泛分布于我国黄河以南地区
香吉果	辣蜜柑	*Triphasia trifolia*	芸香科	常绿灌木，高1~2m。三出复叶，互生，小叶卵圆形，先端微凹，边缘波状，叶腋有锐刺2枚。花腋生，花冠白色，3瓣，具芳香，春季开花。果实椭圆形，熟时暗红色	生性强健，生长势强。喜高温，最适生长温度为22~30℃。宜排水良好、肥沃的砂质壤土	适宜庭院种植，修剪整形成绿篱，也可盆栽，是观叶、观果的好植物	我国南方地区有引种栽培
兰屿肉桂	平安树	*Cinnamomum kotoense*	樟科	常绿小乔木。叶对生，革质，光滑，卵形至卵状椭圆形，明显3出脉。聚伞花序顶生及腋生，粗壮，光滑无毛。核果椭圆形，果托杯状	喜温暖、多湿的环境，不耐寒	用于庭院美化、绿化，可列植或孤植	原产于我国台湾，现栽培较多
厚壳桂	长果木姜子、虎皮楠	*Cryptocarya chinensis*	樟科	常绿乔木。嫩枝密生柔毛。叶多数生于枝端，长椭圆状披针形，两端锐形，背面被褐色短毛。核果长椭圆形，黑色，果柄被毛	喜温暖、湿润、光线充足或半阴。喜疏松、排水良好的酸性土壤	温暖地区做庭院树、行道树、风景树，寒冷地区只能温室栽培	分布于我国华南地区和台湾
尖脉木姜子	锐脉木姜子	*Litsea acutivena*	樟科	常绿小乔木，高可达7m。叶互生，倒卵形或倒卵状披针形，厚纸质，全缘。伞形花序，花淡黄色，秋至冬季开花。浆果长椭圆形，熟时紫黑色	耐干旱，耐贫瘠。幼树耐阴，成年树不耐移植。喜光，喜高温，生育适温为20~30℃	适合庭院种植，可列植、丛植	原产于我国及中南半岛东部

*** 续表 ***

中文名	别名	学名	科名	形态特征	生物特征	园林应用	适应地区
兰屿新木姜		*Neolitsea villosa*	樟科	小乔木。小枝有毛。叶卵状长椭圆形，长 10~15cm，宽 4~6cm，表面平滑，背面灰白色，3 出脉，主脉上密生褐毛，叶脉两面隆起。果椭圆形	喜温暖、湿润气候，不耐干旱，较耐湿。不耐严寒。喜湿润、排水良好、富含腐殖质的土壤	做园林树，可列植、丛植	主产于我国台湾
台楠	石楠、火炭楠、台湾雅楠	*Phoebe formosana*	樟科	常绿乔木。叶薄革质，倒卵形或椭圆形，羽状脉，中肋背面凸起，长 12~18cm，背面灰色。圆锥花序腋生或近顶生。果实长椭圆形，两端尖，暗紫色	喜光，喜温暖，较耐寒，耐干旱、瘠薄。抗病性强，不耐盐碱	园林观赏树种，适合列植、丛植	产于我国台湾等亚热带地区
蒜香藤	紫铃藤、张氏紫崴	*Pseudocalymma alliaceum*	紫葳科	常绿攀援灌木。复叶对生，小叶2片，卷须1或缺如，小叶长6~10cm，宽2~5cm，椭圆形，先端尖。聚伞花序腋生，花大，淡紫色或红紫色。花与叶均有大蒜味道	喜温暖气候，栽培地宜排水、通风良好。土质以稍带砂质、富含腐殖质为宜	十分适合花廊、花架栽培，可盆栽	原产于西印度至阿根廷

* 续表 *

中文名	别名	学名	科名	形态特征	生物特征	园林应用	适应地区
紫楠		*Phoebe sheareri*	樟科	乔木，高达15m。密被茸毛。叶革质，倒卵状披针形，长8~27cm，宽3.5~9cm，中脉和侧脉上面下凹；叶柄长1~2.5cm。花被裂片卵形。果卵形。花期4~5月，果期9~10月	阴性，喜温暖、湿润气候及较阴湿的环境。深根性，生长慢	可做庭院、小区和公园绿化树种	产于江苏南京、句容、宜州、苏州等地。分布于长江以南及西南地区
香水草	洋茉莉、天芥菜、海南沙	*Heliotrpium arborescens*	紫草科	小灌木状多年生草本植物，高50~70cm。全株被白色长毛。单叶互生，叶片长圆状披针形，叶面皱缩。蝎尾状聚伞花序、顶生，花小、蓝紫色，有时为白色，具芳香；花冠漏斗状	喜温暖及阳光充足。宜肥沃、排水良好的土壤	适合做盆花、切花或供花坛栽植	原产于秘鲁、厄瓜多尔

中文名索引

参考文献

[1] 赵家荣，秦八一. 水生观赏植物 [M]. 北京：化学工业出版社，2003.

[2] 赵家荣. 水生花卉 [M]. 北京：中国林业出版社，2002.

[3] 陈俊愉，程绪珂. 中国花经 [M]. 上海：上海文化出版社，1990.

[4] 李尚志，等. 现代水生花卉 [M]. 广州：广东科学技术出版社，2003.

[5] 李尚志. 观赏水草 [M]. 北京：中国林业出版社，2002.

[6] 余树勋，吴应祥. 花卉词典 [M]. 北京：中国农业出版社，1996.

[7] 刘少宗. 园林植物造景：习见园林植物 [M]. 天津：天津大学出版社，2003.

[8] 卢圣，侯芳梅. 风景园林观赏园艺系列丛书——植物造景 [M]. 北京：气象出版社，2004.

[9] 简·古蒂埃. 室内观赏植物图典 [M]. 福州：福建科学技术出版社，2002.

[10] 王明荣. 中国北方园林树木 [M]. 上海：上海文化出版社，2004.

[11] 克里斯托弗·布里克尔. 世界园林植物与花卉百科全书 [M]. 郑州：河南科学技术出版社，2005.

[12] 刘建秀. 草坪·地被植物·观赏草 [M]. 南京：东南大学出版社，2001.

[13] 韦三立. 芳香花卉 [M]. 北京：中国农业出版社，2004.

[14] 孙可群，张应麟，龙雅宜，等. 花卉及观赏树木栽培手册 [M]. 北京：中国林业出版社，1985.

[15] 王意成，王翔，姚欣梅. 药用·食用·香用花卉 [M]. 南京：江苏科学技术出版社，2002.

[16] 金波. 常用花卉图谱 [M]. 北京：中国农业出版社，1998.

[17] 熊济华，唐岱. 藤蔓花卉 [M]. 北京：中国林业出版社，2000.

[18] 韦三立. 攀援花卉 [M]. 北京：中国农业出版社，2004.

[19] 臧德奎. 攀援植物造景艺术 [M]. 北京：中国林业出版社，2002.